国家林业和草原局干部学习培训系列教材

经济林理论与实践

《经济林理论与实践》编写组组织编写

苏淑钗　主编

中国林业出版社

内容简介

这是一本全面介绍经济林从理论到实践的通识性读本。书中内容分为三个主要部分，第一部分简要介绍经济林的基本情况，包括地位和作用、发展历程、资源分布等；第二部分具体讲述经济林培育过程的技术要点，包括良种生产、基地营建技术、抚育管理和产品利用；第三部分则从交易形态、价格机制、产品认证等方面介绍了经济林产品的市场体系。本书旨在帮助读者了解经济林的基础知识，并为经济林产业发展提供指导和参考，是集科普性和实用性于一体的干部学习用书。

图书在版编目(CIP)数据

经济林理论与实践/《经济林理论与实践》编写组组织编写；苏淑钗主编.—北京：中国林业出版社，2022.5

ISBN 978-7-5219-1621-8

Ⅰ.①经… Ⅱ.①经… ②苏… Ⅲ.①经济林-研究 Ⅳ.①S727.3

中国版本图书馆 CIP 数据核字(2022)第053102号

中国林业出版社·教育分社

策划、责任编辑：高红岩　曹鑫茹　　**责任校对**：苏　梅

电话：(010)83143560　　**传真**：(010)83143516

出版发行　中国林业出版社(100009　北京市西城区刘海胡同7号)
电话：(010)83143500
http://www.forestry.gov.cn/lycb.html

印　刷　北京中科印刷有限公司
版　次　2022年5月第1版
印　次　2022年5月第1次印刷
开　本　710mm×1000mm　1/16
印　张　12.75
字　数　215千字
定　价　42.00元

《经济林理论与实践》编写组

顾　　问： 杨　超

组　　长： 刘树人

副 组 长： 杜纪山　丁立新　陈道东　苏淑钗

成　　员： 邹庆浩　陈峥嵘　高均凯　梁　灏　李俊魁　苏立娟

主　　编： 苏淑钗

副 主 编： 侯智霞

参编人员：（按姓氏拼音排序）

白　倩　曹一博　崔艳红　郝文乾
侯智霞　李　超　梁晓捷　秦　偲
宋怡静　苏淑钗　孙永江　张凌云

序　言

习近平总书记强调："中国共产党人依靠学习走到今天，也必然要依靠学习走向未来。"重视学习、善于学习是我们党的优良传统和政治优势，是推动党和人民事业发展的一条成功经验。面对中华民族伟大复兴的战略全局和世界百年未有之大变局，党员干部只有认认真真地学习、与时俱进地学习、持之以恒地学习，才能增强工作的科学性、预见性、主动性，才能使领导和决策体现时代性、把握规律性、富于创造性，才能始终跟上时代步伐、担起历史重任。

党中央、国务院历来高度重视林草工作，在以习近平同志为核心的党中央坚强领导下，林草事业发生了深刻的历史性变革，进入了林业、草原、国家公园"三位一体"融合发展的新阶段。把握新发展阶段、贯彻新发展理念、构建新发展格局，要求我们必须准确把握习近平生态文明思想深刻内涵，坚持绿水青山就是金山银山理念，坚持山水林田湖草沙一体化保护和系统治理，为全面建设社会主义现代化国家奠定坚实的生态基础。履行好这些职责任务，迫切需要大力加强林草干部教育培训工作，建设一支信念坚定、素质过硬、特别能吃苦、特别能奉献的高素质专业化林草干部队伍。

习近平总书记指出："抓好全党大学习、干部大培训，要有好教材。"教材是干部学习培训的关键工具，关系到用什么培养党和人民需要的好干部的问题。好教材对于丰富知识、提高能力，提升教学水平和培训质量具有非常重要的意义。为深入贯彻落实中央有关决策部署，服务林草事业发展和干部培训需求，国家林业和草原局紧紧围绕林草部门核心职能，不断加强干部学习培训系列教材建设，逐步形成了特色鲜明、内容丰富、针对性强的林草干部学习培训教材体系，为提升广大林草干部特别是基层林草干部的综合素质、专业素养和履职能力提供了有力支撑。

各级林草主管部门要持续加强林草干部教育培训工作，坚持把学习贯彻习近平新时代中国特色社会主义思想作为首要任务，着力提升政治判断力、政治领悟力、政治执行力。要坚持理论同实践相结合，学好用好教材，努力将教育培训成果转化为践行新发展理念、推动林草事业高质量发展的能力水平，为建设生态文明和美丽中国作出新贡献。

前　言

经济林是以生产果品、油料、饮料、调料、工业原料和药材等林产品为主要目的的林木，是《中华人民共和国森林法》规定的五大林种之一，是森林资源的重要组成部分。

发展经济林是贯彻“绿水青山就是金山银山”理念的重要举措，历来受到党中央、国务院的高度重视。2014 年国务院办公厅出台了《关于加快木本油料产业发展的意见》，2020 年国家发展和改革委员会等 10 部门印发了《关于科学利用林地资源，促进木本粮油和林下经济高质量发展的意见》。中央一号文件多次明确支持发展经济林产业，2022 年中央一号文件提出“支持扩大油茶种植面积，改造提升低产林”。

党的十八大以来，各地结合生态文明建设，积极引导鼓励社会发展经济林产业，取得了显著成就。目前，全国经济林面积约 7 亿亩、年产量 2 亿吨、年产值超过 22000 亿元，经济林面积和产量均居世界首位，是我国继粮食、蔬菜之后的第三大农产品，对推进国土绿化和生态修复、增强生态系统多样性和稳定性、促进农民群众增收致富、推进乡村振兴都发挥了积极作用，实现了生态美、百姓富的有机统一。

新阶段经济林发展面临新形势、新任务。2022 年 3 月 6 日，习近平总书记在参加全国政协农业界、社会福利和社会保障界委员联组会时发表重要讲话，要求树立大食物观，从更好满足人民美好生活需要出发，掌握人民群众食物结构变化趋势，在保护好生态环境的前提下，从耕地资源向整个国土资源拓展，形成同市场需求相匹配的现代化农业生产结构和区域布局，并特别提出要向森林要食物。习近平总书记的重要讲话精神，明确了经济林在全面建设社会主义现代化国家新征程中所肩负的历史使命，是新阶段全国经济林发展的根本遵循。

为认真贯彻落实习近平总书记的重要讲话精神和党中央、国务院的决策部署，全面提高林草行业领导干部的经济林理论水平，切实增强领导干部科学推进新阶段经济林发展的本领和能力，本着立足当前、着眼未来、瞄准前沿、务求实用的原则，国家林业和草原局决定组织编写《经济林理论与实践》，并纳入全国林业和草原干部学习培训系列教材建设工作统一部署。

本书共分为九章，涵盖了经济林概论、经济林资源与分布、经济林木生长发育规律，以及经济林良种生产、基地营建、抚育管理、产品利用、产品市场体系等内容，还针对经济林产业发展趋势，介绍了经济林培育利用新技术，并提供了部分经济林产业发展案例，内容通俗易懂、信息量大、专业性强，具有很强的指导性和实践性，可作为林草系统干部职工学习经济林知识、提升综合素质的重要参考书。

国家林业和草原局人事司、改革发展司、管理干部学院高度重视教材编写工作，成立了《经济林理论与实践》编写组，切实加强组织领导。具体编写工作由北京林业大学牵头，北京林业大学、国家林业和草原局管理干部学院的有关专家组成了编写团队。中国林业出版社对本书出版给予了大力支持和重要保障。

本书欠缺、疏漏之处，恳请广大读者批评指正！

编 者

2022 年 3 月

目　录

第一章
经济林概论

第一节　经济林的概念和地位

一、经济林的概念

经济林是指以生产果品、油料、饮料、调料、工业原料和药材等林产品为主要目的的森林，是《中华人民共和国森林法》规定的五大林种之一。经济林产品则是指经济林生产的果实、种子、花、叶、皮、根、树脂、树液等直接产品或是经加工制成的油脂、食品、能源、药品、香料、饮料、调料、化工产品等间接产品。经济林具有明显的经济效益、生态效益、社会效益，是深受人民群众欢迎、开发利用价值较大的森林资源，在促进生态系统修复，维护森林生态系统完整性、多样性，改善生态环境，保障国家粮油安全，促进乡村振兴，满足人民群众对美好生活的向往等方面发挥着重要作用。

二、经济林的地位

（一）经济林在林业产业体系建设中的首要地位

经济林产品丰富多彩，与人民生活息息相关，可以直接利用或作为工业原料。

经济林产业是我国农林业中具有国际竞争力的优势产业，也是对环境保护有益的生态产业，经济林具有重要的食用、药用、工业用等多种经济利用价值，在保障国家粮食、油料、能源安全、国土绿化方面具有重要作用。我国经济林产业占林业第一产业产值的60%以上，是以经济与环境相协调发展为理念的创新产业，与其他的森林种植模式相比，有着见效明显、周期短、产量高等优势，是缩小城乡差距、促进农民致富、推动农业发展的最有效方式。经济林进入采收期后年年都有产品收入，可持续数十年、上百年。此外，林化产业的原材料绝大多数来自经济林产品，经济林产业是林业产业的重点，发展经济林产业是发展林业产业的重中之重，经济林是变绿水青山为金山银山的最佳林种，对促进丘陵山区的乡村振兴具有重要意义。

粮油安全是世界人民关心的头等大事。我国有300多种木本粮食树种，产品营养成分丰富、品质优良，生态适应性强，不占耕地，且一年种植，年年受益，发展木本粮食可解决1.1亿人口的粮食问题，是对草本粮食的最好补充，曾是战争和灾荒年份的重要食物来源。我国有200多种木本油料树种，种仁含油率50%以上的就有50多种，利用荒山荒地发展木本粮食和油料经济林，不与粮争田、不与农争地，是保障我国粮油安全的重要途径。当前，全国油茶栽培面积已达6700万亩[①]，核桃栽培面积达到1.2亿亩，对增加我国食用油产能具有重要作用。中央一号文件多次强调大力发展油茶，增加我国食用油自给能力。

经济林在保障珍贵药材供给方面具有特殊作用。我国生产的中药材不仅满足国内市场需要，为国民健康提供医药保障，还大量出口，满足世界各国对中药材的需求，我国每年的原料中草药出口值在200亿美元以上。

经济林为人民日常生活提供多种生活用品，如八角、花椒等调味品，茶、咖啡等饮料，樟油、桉油、无患子皂苷等护肤品。发展日用经济林产品，可以大大提高人们生活质量和健康水平。油桐、乌桕、漆树、橡胶等经济林树种是制造环保型油漆、油墨、工业橡胶的优质原料树种，桐油还是最优质的大规模集成电路板的浸渍保护材料。

（二）经济林在林业生态体系建设中的重要地位

经济林不仅具有重要的食用、药用、工业用等多种经济利用价值，还具有森林所拥有的净化空气、保持水土等重要的生态功能。与用材林砍伐后形成采伐迹地等不同，多数经济林经济寿命比较长，不仅每年有经济收入，碳汇固定能力也非常强，在林业生态体系建设中发挥着重要的作用。北京市对典型经济林树种生态服务功能进行多年监测与分析表明，北京市经济林各项生态系统服务功能按价值量大小排序为：涵养水源>固碳释氧>净化大气环境>游憩>生物多样性>保育土壤>林木积累营养物质。北京经济

① 1亩≈0.0667公顷。

林生态系统每年产生的生态效益总价值量为78.41亿元，单位面积价值量每年为5.77万元/公顷，约为自然森林生态系统单位面积价值量（每年6.75万元/公顷）的85%。

（三）经济林在森林文化体系建设中的核心地位

经济林树种繁多。远古时代，人类以树木果实为食，从古至今，经济林与人们吃、穿、用等生活起居息息相关，如栗、枣、柿、花椒、银杏、油茶、油桐、核桃、竹等都与饮食文化、军事文化、宗教文化、中医药发展、文化艺术等有密切联系，有数不清的民间传说和历史故事，成为森林文化的主体。经济林是集经济效益、社会效益和生态效益于一体的林种，或四季常青，或花果飘香，是美化、绿化农村环境，打造生态型村庄，提升农民生活品味和质量最好的树种。经济林是新农村建设、精准扶贫实现乡村振兴的最重要产业，更是可持续发展的朝阳产业。

第二节　经济林产业概况和趋势

一、中国远古时期对经济林产品的利用

在距今7500多年前的河南省新郑市裴李岗遗址发现了枣、栗和核桃，在距今7000多年的河北省武安县磁山遗址发掘了榛、核桃等炭化果实，在浙江省余姚市河姆渡遗址有核桃、锥栗和酸枣遗存，在约5000年前的黄河流域仰韶文化遗址也出土了榛子、栗子、松子等，证明在我国华北和西北有7000年以上的榛、栗、枣和核桃的利用历史。由此可知，远古时代，人类的主要食物源于野生树木果实，即经济林的直接产品。由于野生水果（如杏、桑葚、桃、李）不适宜贮藏，只能在成熟期短期食用，可直接食用的野生干果，尤其是橡子（栎类植物的种子）、枣、核桃等就成为该时期人类的主要利用对象。从考古发现和许多历史文献的记载中可以证明，我国远古时代人类赖以生存的粮食是栗、枣、榛等木本粮食，可以说是木本粮食孕育了人类。

二、先秦时期经济林栽培利用

农耕文明的兴起，开启了经济林栽培利用的历史，夏商周时期特别是春秋战国时期，许多典籍中都有关于经济林树种和经济林产品的记载。我国第一部诗歌集《诗经》提到的树木约50种。《诗经》中对榛、栗、枣的描

述特别多，说明上古代的木本粮食是以淀粉类干果为主，同时也说明木本粮食仍然是周朝和春秋战国时期的主要食粮，并广为种植。商周时期，特别是春秋战国以后，生漆普遍作为涂料使用，出现了漆器，肉桂和花椒也作为木本香料开始应用。

该时期的一些古籍中还记载了一些经济林树种的物候、生态习性和利用。古代建邦立国要建祭祀“社”，建社则要种植树木，相传夏后氏以松，殷人以柏，周人以栗，初步体现了“适地适树”的原则。成书于春秋或更早时期的《夏小正》是中国最早的农家历，记载了一些经济林树种(如桑、枣、栗等)的物候，如“三月摄桑(桑树即将出叶，应即修枝)、八月剥枣(枣成熟可收取)、栗零(栗成熟而落地)”。《晏子春秋》载“橘生淮南则为橘，生于淮北则为枳”。

三、秦、汉、唐、晋、宋、元时期经济林栽培利用

秦以农战并天下，秦始皇统一六国后，下令焚书坑儒，非秦记皆烧，但不烧种树之书。

汉朝对经济林更加重视。《史记》记载：安邑千树枣，燕秦千树栗，蜀、汉、江、陵千树橘，淮北、常山以南，河济之间千树楸，陈、夏千亩漆，齐、鲁千亩桑麻，渭川千亩竹。在长沙马王堆 3 号汉墓出土的帛书《五十二病方》中就记载了桂皮、辛夷、厚朴、花椒等 80 种木本药材和香料。西汉问世的《尔雅》是中国最早的词典，记载的木本植物约 65 种，包括许多经济林树种，如枣、酸枣、花椒、李、桃、竹等。东汉时期的《说文解字》收录的木本植物达 355 种，梅、杏、李、桃、橘、橙、柚、黄檗、白蜡等都有收录。《氾胜之书》即为汉朝著名农林专著，其中就有关于桑树适时栽植的著述。

三国时期的《临海水土异物志》是最早记载台湾风土人情和动植物的书，涉及的经济树种有阳桃、金橘、黄皮、余甘子、杨梅等；西晋《广志》中记载了枣、核桃、李、桃等许多经济林树种；说明该时期对一些经济林树种的品种有相当深入的研究。晋代对木本粮食的利用具有很高的地位，甚至以野生橡栗作为军饷的记载，被誉为“河东饭”。东晋《尔雅》对诸多树种(如南方的肉桂等)做了注释，还出现了中国第一部竹类专著《竹谱》。南北朝时期贾思勰所著的《齐民要术》是我国古代第一部农业百科全书，其中包括了枣、栗、榛、柿、桃、樱桃、葡萄、李、梅、杏、桑、漆、木瓜、乌柏、花椒、乌榄、油橄榄等重要经济树种的栽培法，还专门介绍了以棠

梨或杜梨为砧木的梨树嫁接繁殖方法。

隋唐时期是中国封建社会的兴盛时期，继续实施前代的永业田制度，朝廷劝民种植桑、枣、榆等经济林，桑、枣、茶、漆、竹等经济林获得大发展。《茶经》为该时期的经济林著作的代表作，油桐最早的历史记载出自唐代陈藏器所著《本草拾遗》。“一骑红尘妃子笑，无人知是荔枝来”反映了唐代荔枝不仅作为贡品广为栽植，人类在经济林产品的利用和保鲜方面也取得了长足进步。

宋太祖取得天下后，下诏广植桑枣，经济林栽培利用的范围和树种得到进一步的扩展，一批经济林专著相继问世，如《桐谱》《荔枝谱》《茶录》《橘录》《笋谱》均为该时期的著名经济林专著。北宋苏颂撰写的《图经本草》记载的树木有 50 多种，主要是经济林树种，包括果树(栗、枣、桃、李、杏、橘柑、橙等)、油料树种(油茶、油桐、乌桕等)、染料树种(槐、栀子、五倍子等)、叶用树种(桑、茶、栎)、特用树种(漆、棕、皂荚等)。南宋陈旿的编著《全芳备组》第 2 集 1~9 卷为果部，收载了荔枝、柿、枣、核桃、栗、银杏等 33 种，其他部还收载了茶、桑、竹笋、枸杞等经济树种。

四、明清时期经济林栽培利用

明清时期经济林产品的开发利用进入了一个涉及吃、穿、用等各个方面的全面发展时期，朱元璋在南京建立明朝后以农桑为立国之本，倡导民众大量营造经济林，《明书食货志》记载：“洪武时，命种桐、漆、棕，在朝阳门外钟山之阳，总五十余万株，……”1392 年(明洪武二十五年)，又明令百姓广栽桑、枣、柿、栗和核桃，1394 年(明洪武二十七年)又令户部凡百姓栽桑枣，违制者按律治罪。1395 年(明洪武二十八年)诏河南、山东桑枣毋征税。可见当时朝廷对发展经济林的重视程度。为满足经济林产业的发展，当时关于经济林栽培利用的著述也非常丰富。明朝的《本草纲目》《农政全书》《群芳谱》《种树书》收载了大量的经济林树种，包括栗、枣、核桃、银杏、榛子、扁桃(巴旦杏)、荔枝、龙眼、花椒、枸杞、樟、黄檗、厚朴、杜仲、漆、油桐、棕榈、乌桕、桑、李、杏、梅、桃、梨、柰、石榴、樱桃、柑、橙、柚、枇杷、橄榄、白蜡等。俞贞木在 1379 年(明洪武十二年)编撰的《种树书》中记述了全年主要农事活动，其中包括枣、花椒、桑、石榴、茶、油桐、柿等经济树种，此后的农书如《农政全书》和《群芳谱》等都引用了该书不少的资料。

桐油最早主要用于农具和家具的表面保护、照明灯油和古代木质船的保护，13 世纪意大利人马可·波罗在《东方游记》中就详细描述了我国用桐油混石灰及碎麻修补船隙。后来由于油漆、油墨产业发展的需要，我国桐油成为全球性大宗出口贸易商品。乌桕种子外包被的皮油过去一直是部分山区农民的食用油之一，种仁榨取的籽油可代替桐油或与桐油合用来生产油漆、油墨。

清雍正年间一批经济林产品成为皇家物产贡品，如直隶的榛、栗，江苏、安徽、浙江的桐油，江西的桐油、五倍子，湖北和湖南的白蜡，广东的降香、白蜡等。

五、中国近现代经济林栽培利用

民国时期，我国大宗出口商品是桐油、茶叶和陶瓷，其中桐油和茶叶都是经济林产品。1938 年，民国政府与美国政府签订了《桐油协议》，以中国的桐油作为购买美国军事武器的抵押商品，民国政府也在该时期大量发展油桐产业，使油桐产业得到迅速发展，油桐的研究也进入一个新的历史时期。

中华人民共和国成立以来，经济林产业得到迅速的恢复和发展，尤其是近年来，国家高度重视经济林建设，把经济林产业建设作为现代林业建设的重要组成部分，把发展木本粮油、特色经济林列为加快林业产业发展的主导产业，出台了一系列政策措施。2008 年，国务院发布了《关于促进食用植物油产业健康发展保障供给安全的意见》，2009 年出台了《全国油茶产业化发展规划》，国家林业局发布了《全国优势特色经济林产业发展规划 2013—2020》，2015 年后，连续多年中央一号文件强调特色经济林产业发展。我国经济林产业已经步入快速发展的黄金时期，这是我国历史上经济林产业发展最快的时期。

六、中国经济林产业现状

党的十八大以来，在习近平新时代中国特色社会主义思想的正确指导下，经济林发展紧密围绕服务社会需求，结合生态保护、脱贫攻坚、乡村振兴等国家战略，取得了长足进展，在促进生态建设和山区农民增收致富中发挥了突出作用。一是产业规模持续增长。全国经济林种植面积约 4600 万公顷，年产量超过 2 亿吨，产值超过 2.2 万亿元，比 2012 年面积、产量、产值分别增长 31.0%、37.3%、106.2%。核桃、油茶、板栗、枣、苹果、柑橘等主要经济林面积和产量均居世界首位。经济林产业成为林业三大产值过万亿的支柱产业之一。可食性经济林产品成为我国继粮食、蔬菜之后的第三大农产品。我国人均果品占有量由新中国成立初的 3 千克提高到 140 千克以上，是名副其实的经济林生产消费大国。二是产业素质稳步提高。从事经济林种植、加工和经营的国家林业重点龙头企业达到 104 家，核桃、油茶、板栗、枣、花椒、枸杞、苹果、柑橘等 174 个经济林产区入选中国特色农产品优势区，占总数的 56.5%。目前，全国经济林加工利用产值达到 6148 亿元，较 2012 年增长 112.6%。2021 年，全国各地经济林呈现出提质增效的良好发展势头。新疆深入实施林果产业提质增效工程，全区林果种植面积 123 万公顷，果品总产量 850 万吨，以优良林果品质展现出强劲的比较优势和市场竞争力。陕西林果产业产值突破 1000 亿元，超过全省农业生产产值，在全国创建了韩城花椒、富平尖柿、洛南核桃、大荔冬枣、眉县猕猴桃、陕北苹果、佳县红枣、紫阳茶叶等一系列网红名优经济林果，在果丰民富的同时促进了林茂山青，经济林成为陕南山区最靓的绿色、关中地区最浓的绿色、陕北地区最稳的绿色。三是科技支撑显著增强。全国已建成经济林类国家重点林木良种基地 86 个、种质资源库 50 个，分别占林业总数的 29.3%、50.5%。保存经济林种质资源量达 5 万余份，其中野生资源 5000 余份、地方品种 3500 余个、变异类型 1000 余份，均居世界首位。各地选育审定经济林良种 6620 个。国家林业和草原局组织建立经济林类国家创新联盟 75 个、工程技术研究中心 34 个、质量检验检测机构 17 个。已经发布经济林国家、行业技术标准 200 余项。四是社会贡献日益突出。据不完全统计，全国有 2000 多个县(市、区、旗)有经济林种植和生产，涉及农村人口 8400 万人，核桃、油茶、苹果、柑橘、枣、梨、板栗、花椒等主要经济林种植面积均超过 66.7 万公顷，有力促进了山区、林区、沙区、革命老区、边疆地区、少数民族地区的生态环境改善和产业结构调整。森林覆盖率显著上升，水土流失明显减轻，生物多样性开始恢复，生态系统结构改善、稳定性增强。就业和增收空间得到拓展，为巩固脱贫攻坚成果做出重大贡献。新疆直接从事林果业生产的农民 113 万户 455 万人，主产区农民人均林果业收入占总收入的近 30%，若羌、温宿等部分主产县(市)高达 60%以上，依托林果业的收入占比不断提高。云南、陕西、甘肃、湖南、四川等省(区)部分县(市)农民年人均收入的 50%以上来自经济林。

第三节 经济林学科专业发展历程

中国是经济林学科形成的发源地。从20世纪50年代开始，中国林业科技工作者就着手大力开展经济林良种选育和丰产栽培的科学研究。为了适应当时经济林生产、科研和人才的需求，我国1958年在世界上率先创办了经济林(当时称为特用经济林)专业，是经济林学科专业的发源地。

一、学科专业创始阶段(1958—1977年)

经济林学科创立的时代背景是经济林生产发展。从20世纪50年代开始，中国林业科技工作者就着手开展经济林良种选育和丰产栽培的科学研究。1949—1957年，全国营造经济林310多万公顷，占同期人工造林总面积的22.1%。1956年11月20日，国务院发布《关于新辟和移植桑园、茶园、果园和其他经济林木减免农业税的规定》。为了适应当时经济林生产、科研和人才的需求，湖南林学院(现中南林业科技大学)、南京林学院(现南京林业大学，1960年停招)创办经济林专业。1960年昆明农林学院(现西南林业大学)成立特用林系(特用经济林、橡胶本科，1963年停招)，1963年科技部科技发展规划中首次包含了经济林的独立课题，1966年，周恩来主持全国桐油生产会议，1976年福建林学院(现福建农林大学)开设经济林本科专业。

二、学科专业发展阶段(1978—1996年)

恢复高考后，原河北林业专科学校、原浙江林学院、原西南林学院、原西北林学院、华中农业大学等高等农林院校相继开办或恢复经济林本专科专业。1980年全国普通农林院校经济林专业教材编委会成立(1986年改为专业指导委员会)，1983年林业部批准创办《经济林研究》期刊，1986年成立中国林学会经济林学会(后改为中国林学会经济林分会)。

1978年恢复研究生招生时，经济林学科被列入学科目录中。1978年原福建林学院招收了国内第一名经济林学科研究生，1981年原中南林学院招收了国内第一批经济林学科硕士学位研究生，标志着我国经济林学科的基本成型，1993年原中南林学院获得我国第一个经济林学科博士点授予权，并于1994年招收了我国第一个博士学位研究生(1名)，这标志着我国经济林学科体系全面建成。经济林学科也得到了国际社会的普遍认可。

三、学科专业曲折发展阶段(1997—2017 年)

1998 年，国家学科专业、目录大调整，将“经济林”与“造林学”调并为“森林培育”学科，经济林本科专业合并到林学专业。中南林业科技大学先后 3 次(2007、2011、2017)申报恢复经济林本科专业未果。经济林本科专业停止招生，林业科研院所和高等学校从事林业研究的科技人员以用材林研究为主，研究经济林的人员相对较少。2008 年，教育部批准中南林业科技大学自主设置经济林二级学科硕士、博士学位授权点，2010 国务院学位委员会同意并正式恢复经济林二级学科，但是经济林方向招生的研究生大多为林学背景，相关基础知识欠缺，导致经济林专业人才严重缺乏，远远不能满足我国经济林产业发展需要。

四、学科专业发展新阶段(2018 年至今)

2018 年，北京林业大学成功申办经济林新专业，2019 年开始经济林特设专业招生，随之，中南林业科技大学、河北农业大学、河南农业大学申报经济林特设专业并通过评审。2019 年年底，全国农林院校经济林专业建设研讨会在北京林业大学举行，来自全国 16 所农林院校相关学院的主管教学院长、专业负责人和任课教师参加会议，共同探讨新农科背景下经济林专业建设面临的机遇和挑战。2018—2020 年，10 个经济林项目相继列入国家重点研发计划，经济林专业和学科发展进入新阶段。

第二章

经济林资源与分布

第一节 经济林资源类别

经济林木种类繁多，经济林产品丰富多彩。为了栽培利用和经营管理上的方便，有必要对经济林树种进行系统的资源类别划分。经济林资源类别是栽培利用上的概念和资源开发利用方面的科学分类。根据经济林树种主要产品的化学成分及经济用途，可将经济林树种资源划分为下列八大类。

一、木本油料类

植物及植物各器官一般都含有油脂，油脂工业通常将含油率高于10%的植物性原料(通常是植物的果实或种子)称为油料。生产油料的植物称为油料植物，包括草本植物和木本植物，分别称为草本油料植物和木本油料植物(或木本油料树种)。可以制取植物油脂的木本植物性原料(主要指木本植物的种子和果实等器官)称为木本油料，如油茶的种仁、油橄榄的果实。迄今为止，我国已经发现的油脂植物有1000余种，分别隶属于100多科约400属，其中以大戟科、山茶科、胡桃科、樟科、芸香科、葫芦科、卫矛科、檀香科、藤黄科、无患子科、木兰科、松科、安息香科、锦葵科、楝科、肉豆蔻科、虎皮楠科、大风子科、漆树科和榆科20个富油科所包含的油脂植物种类最多，约占全部油脂植物的1/2，含油率一般在20%以上。绝大多数油脂植物处于野生或半野生状态，只有少数是人工栽培。

采用压榨或有机溶剂萃取等方法可以利用油料制取植物油脂。植物油脂主要以三酰基甘油的形式存在。绝大多数植物油脂不饱和脂肪酸含量高，为液体油脂(通常称为油)，如茶油、橄榄油、核桃油、杏仁油；少数植物油脂饱和脂肪酸含量高，为固体油脂(通常称为脂)，如乌桕皮油；部分植物油脂饱和脂肪酸含量较高，在温度较高条件下呈液态油，温度较低条件下呈固态脂，如棕榈油。

木本油脂可以作为人类的食用油脂，如茶油、橄榄油、棕榈油等，此类树种称为食用油料树种。其不饱和脂肪酸主要为油酸、亚油酸、亚麻酸，饱和脂肪酸主要为硬脂酸、棕榈酸。

木本油脂可以作为各种工业原料，此类树种称为工业油料树种，有多种经济用途，如化学工业，包括油漆(涂料)、油墨、各种天然有机复合功能材料、生物基润滑油等。用于工业用途的木本油脂可以是可食用的油脂，也可以是不能食用植物油脂，含甘油四酯、短链脂肪酸和共轭双键脂肪酸的油脂不适合食用，只能作为工业用途。桐油的主要脂肪酸是桐酸，含有 3 个共轭双键的干性植物油，适用于制造耐酸、耐碱、防水、防静电的高档或特种涂料，以及高性能油墨、各种复合功能材料。乌桕籽油是含有 2 个共轭双键的干性植物油，适合作为油漆、油墨的生产原料。

木本油脂可以作为制备生物柴油的基本原料，此类树种称为生物质能源油料树种。无论是食用木本油脂，还是工业用木本油脂，绝大多数木本油脂都可通过水解化学反应生产生物柴油。长链脂肪酸和短链脂肪酸均可作为生物柴油，如桐油的脂肪酸主要十八碳脂肪酸，可以用来生产生物柴油，但黏性较重；而以麻疯树、光皮树、黄连木等生产的含短链脂肪酸的木本油脂适合作为生物柴油的生产原料。

木本油料树种具有适应性强、油脂品质好、一年种植连年收获、不占用农耕地等特点。利用丘陵山地发展木本油料是国家的重要战略选择。油茶、油桐、核桃、乌桕曾经被称为我国的四大木本油料树种，油茶、油橄榄、油棕、椰子被称为世界四大木本油料树种。

二、木本粮食与果品类

果品是指采摘后无须加工或经去壳、晾干等简单的处理就可以直接食用的鲜果和干果的统称。该类经济林产品的主要化学成分为碳水化合物、蛋白质、油脂和维生素等，通常直接产品为树木的果实或种子，主要经济用途是供人类食用。根据其果实、种子的特性及产品是否需要经过去壳、晾干等处理的不同，可以将果品划分为干果和鲜果(水果)。

干果是指产品本身水分较少或经过晾晒等脱水处理后产品含水量较少的一类果品，主要是木本植物的果实(含种子)。干果类又可根据其主要营养物质构成的差异划分为淀粉类干果和油脂类干果两类。淀粉类干果如栗、枣、柿(饼)、银杏等；油脂类干果如核桃、香榧、榛、扁桃、仁用杏等。多数干果可代替草本粮食直接食用，或经加工后可以食用，所以也被称作木本粮食，栗、枣、柿曾经被称为我国的三大木本粮食和“铁杆庄稼”。

水果是指多汁且有甜味、采摘后不需要经过去壳和晾干等简单处理的、可以直接食用的一类植物果实和种子的统称。水果含有丰富的营养，且有利于帮助人类肠胃消化，如柑橘、苹果、梨、桃、葡萄等。

我国果树植物资源非常丰富，有 59 科 670 余种，较为重要的就有 300 余种。干果树种如壳斗科的栗、胡桃科的核桃、鼠李科枣和枳椇、榛科的榛子等；水果树种如蔷薇科的苹果、梨、樱桃、李、杏等。

三、木本药材类

许多木本植物的器官，如杜仲的树皮、银杏的叶片、枸杞的果实、金银花的花朵等富含各种药用成分。可以直接入中药或作为制作西药与中成药的木本原料，称为木本药材。我国利用中药资源历史悠久，包括《神农本草经》《本草纲目》等古籍记载了大量的中草药植物(包括木本中药材)。全国中药资源普查记载的药用植物资源 3883 科 2309 属 11146 种，木本药用植物种类丰富，其中裸子植物(几乎全为木本植物)10 科 27 属 126 种。三尖杉科的许多种类含有抗癌活性物质，银杏科植物含有治疗心脑血管病的特效成分。被子植物中的药用植物资源种类更为庞大，有 213 科 1957 属 10027 种，其中很多科属种是木本植物。我国 200 多种新药是直接或间接从中草药中提取或研发出来的，如获诺贝尔奖的青蒿素提取自黄花蒿叶片。

该类经济林资源主要产品的化学成分众多，如含糖类药用植物、苷类(如连翘苷)药用植物、生物碱类药用植物、挥发油类药用植物、单宁类药用植物、含树脂类药用植物、含有机酸类(如齐墩果酸、余甘子酸)药用植物、含油脂与脂类(如吴茱萸内酯)的药用植物、蛋白质类药用植物、无机成分类药用植物。其产品通常为利用植物的叶片、树皮、花、果实、种子、树根等器官的直接产品或经加工提取的间接产品，分别称为根及根茎类药材、种子及果实类药材、叶类药材、皮类药材等。各种富含特殊药用成分的树种都属药用树种，如银杏(叶黄酮)、杜仲(皮)、厚朴(厚朴酚)、黄檗(皮)、喜树(喜树碱)、红豆杉(紫杉醇)等。杜仲、厚朴和黄檗曾经被称为我国的三大木本药材。

四、木本调料与香料类

木本调料与香料类资源包含香辛料和芳香油料。香辛料主要指调味料，芳香油料产品更为广泛。自古以来，我国就有使用香料的习惯。古代人以焚烧树木的树干和树皮所产生的香烟进行重大的宗教仪式来祭祀神灵。后来在中国、印度等国发明了从香料植物中经蒸馏制造香油和软膏用于日常生活中。

香料类经济林产品的主要化学成分为萜类化合物、醛类化合物等芳香物质。芳香油是一种挥发性的植物精油。芳香油的组成成分相当复杂，由250种以上的成分所构成。一般而言，植物精油含有醇类、醛类、酸类、酚类、丙酮类、萜烯类等挥发性芳香物质。

我国香料资源丰富，分布广泛。含芳香油的种类非常多，覆盖60多科，尤其以樟科、柏木科、芸香科、松科、杉科、菊科、紫苏科、桃金娘科、蔷薇科等科的植物富含芳香物质，均可提取芳香油。多数植物组织含有芳香物质，芳香油产生的植物器官称为香料。八角、胡椒、花椒、山苍子等树种的芳香油主要集中于果实中；柑橘类树种的芳香油主要集中于果皮中；桂花、蔷薇等的芳香油主要集中在花的表皮细胞；桉树、薄荷、紫苏等的芳香油主要集中于叶片中；柏木、樟树、松、杉等树种的芳香油主要集中于木材中。有些树种全身各器官均可提取芳香油，如樟树、山苍子、柏木等。香料的用途主要有调味料、化妆用品，以及各种食品、药品的添加剂和防腐剂等。

五、木本饮料类

世界上最有名的软饮料出自木本饮料，如茶、咖啡。我国是茶饮料的发源地、最大产茶国和茶饮料最大消费国。我国茶栽培分布范围很广，茶叶种类也很多。随着社会发展，我国果汁类饮料也发展快速，种类丰富。饮料类经济林产品的主要化学成分为茶多酚、咖啡碱、维生素等具有提神、止渴作用的有机化合物，其产品通常为利用植物的花、果实、种子、叶等器官的直接产品和加工产品。许多植物的叶片适合制作饮品，除茶叶外，还有银杏叶片、杜仲叶片、青钱柳叶片等，这些叶片茶不仅具有提神、止渴作用，还有医治各种慢性病的作用。多数果品均可制作果汁饮料，如猕猴桃、刺梨、沙棘、杨梅、桑葚、葡萄、蓝莓、树莓等。

六、木本蔬菜类

可以作为蔬菜食用的木本植物的芽、叶、花、根、块茎、茎等器官称为木本蔬菜。木本蔬菜营养丰富，味道爽口，一年种植多年收获，深受广大消费者喜爱。木本蔬菜类经济林产品的主要化学成分为各种维生素、蛋白质、膳食纤维，其产品通常为利用植物的芽、茎、叶、球根等器官的直接产品或经加工后的间接产品。利用茎和叶作为木本蔬菜的，如香椿、辣木等；利用芽的，如榆树等；利用根茎的，如各种竹笋；利用花的，如木槿、栀子等。

七、木本工业原料类

大量的木本植物可以用于各种工业用途，即作为工业原料来使用，根据其为工业提供原料的主要化学成分、性质和用途又可分为以下几类。

(一) 纤维类

该类经济林资源的主要化学成分为纤维素，其产品通常为利用木本植物木质部的木质纤维和韧皮部的韧皮纤维制成各种的工业、农业用产品，如棕树纤维，各类竹、藤等。

(二) 树脂树胶类

该类经济林资源的主要化学成分比较复杂，通常为利用植物从树干流出的树液、树胶、树脂和其他液体物质来制造各种工业产品，如橡胶树割取的橡胶，漆树割取的生漆，各种松树割取的松脂等。

(三) 鞣料类

该类经济林资源的主要化学成分为单宁物质，其产品通常为利用植物树皮、果壳、叶、根、寄主树上的虫瘿等原料制取各种工业用品，如黑荆树的树皮、栎类植物的橡椀、寄生在盐肤木上的五倍子可以制取单宁、没食子酸等，用于制革和其他用途。

(四) 工业油料类

此类木本植物生产的油脂不能食用，而只能作为各种化工工业和能源工业的原料，如桐油、乌桕籽油、麻疯树籽油。

(五) 农药类

该类经济林资源的主要化学成分为各种对真菌、细菌和害虫有抑制和杀灭作用的有机化合物。通常指木本植物的叶、果、种子、树皮、根等器官的直接产品或经加工后的间接产品，如无患子果实和种子，印楝果实和种子，苦楝果实和种子，马桑等。

(六)能源类

绿色植物通过叶绿素将太阳能转化为化学能而储存在生物质内部的能量称为生物质能源。木本植物是地球上最大的生物质能源储存库，林业是生物质能源发展的重点。生物质能源主要有生物柴油、生物汽油、生物气化能源。我国具有非常丰富的生物能源资源，如千年桐、麻疯树、黄连木、光皮树等经济林树种的种子制取植物油，是制取生物柴油的优质原料。我国有数百种栎类植物(橡子树)所产种子(富含淀粉)是制取燃料乙醇(生物汽油)的最优质原料。木材主要成分是纤维，通过发酵转化可制成燃料乙醇；森林三剩物是制取沼气等气化生物质燃料的原料，资源丰富。

八、其他类

经济林树种资源繁多，有些资源不好归类，如蜜源树种、饲料树种等，未被包含在上述类别的经济林资源类别均可列入其他类。

第二节 中国经济林资源地理

我国地域辽阔，气候、土壤等自然条件复杂多样，经济林树种对生态环境都有各自的要求和适应性，这就决定了我国经济林资源分布具有一定的空间分布、种类构成、数量和质量的组合特征，也就是经济林资源的地理学特征。根据我国的气候区划、大型地貌特征、经济林资源分布状况、经济林资源的组成和空间组合状况，可将经济林资源划分为以下七大经济林资源地理区域。

一、华中、华东地区

本区介于北纬 25°~32°、东经 103°~122°；大型地貌区域界限为秦岭—淮河以南，川西高原以东，粤北、桂北山地及其以北的广大区域；气候区划上属中亚热带和北亚热带气候区，在全国植物资源区划中属东南湿润亚热带常绿落叶阔叶林大区；行政区域上包括甘肃、陕西、河南、安徽、江苏的南部，四川的东部，重庆、湖北、贵州、湖南、江西、浙江的全部，广西、广东、福建的北部。该区域年平均气温在 15℃ 以上，无霜期一般超过 8 个月，1 月平均气温在 2℃ 以上，年降水量一般在 1000mm 以上。由于该区域水热资源十分优越，绝大多数常绿经济林树种和落叶经济林树种在该区域都能正常生长结实，是我国经济林树种种类最多、单位面积产量最高、总产量最大的区域。

产于该区域的经济林产品种类最多，全部或几乎全部产自于该区域的经济林产品或树种有：木本食用油料树种有油茶和油橄榄，木本粮食和干果树种有锥栗、香榧、银杏、山核桃等，水果树种有柑橘、杨梅、枇杷、沙梨等，木本药材树种有厚朴、黄檗等，木本调料和香料树种有香樟、山苍子等，木本饮料树种有茶、刺梨等，工业原料及树种有油桐、乌桕、漆树、白蜡、五倍子等。在该区域有大面积栽培分布的经济林树种还有板栗、枣、柿、猕猴桃、桃、李、梅、杜仲、花椒等。

二、华北地区

本区介于北纬 32°～ 42°、东经 104°～124°；大型地貌区域界限为秦岭—淮河以北，长城以南，六盘山以东的广大区域；气候区划上属南温带，与全国植物资源区划中的华北半湿润落叶阔叶林大区大致相同；行政区划上包括甘肃的东部，陕西、河南的中部和北部，山西、河北、北京、山东的全部，安徽、江苏的北部。该区域年平均气温在 4～8℃，1 月平均气温在 0℃以下，年降水量一般在 500～1000mm。该地区是我国落叶的木本粮食树种和果树的核心产区，如栗、枣、苹果、白梨、杏、桃、山楂、银杏、麻栎、栓皮栎等主要产于该区。此外还盛产核桃、花椒、葡萄等。

三、华南地区

该区大型地貌界限为云贵高原以东、南岭山脉以南的地区以及云南南部地区；气候区划上属南亚热带和热带，与全国植物资源区划中的华南过渡热带常绿林、季雨林大区大致相同；行政区域包括云南、广西、广东、福建的南部、台湾和海南的全部，大部分在北回归线以南。该区域年平均气温一般在 20℃以上，年降水量 1500mm 以上。该区是常绿果树、油料、香料、饮料等经济树种的核心产区，如龙眼、荔枝、番石榴、木瓜、杧果、腰果、椰子、油棕、胡椒、八角、肉桂、槟榔、咖啡、橡胶等。

四、东北地区

本区介于北纬 40°05′～42°30′、东经 119°20′～135°20′；大型地貌界限为长城以北，大小兴安岭以东的我国境内地区；气候区划上属北温带和中温带，与全国植物资源区划中的东北半湿润森林、森林草原大区大致相同；行政区划上包括黑龙江、吉林、辽宁三省的全境。该区域冬天气候寒冷，但降水量比较充足。该区是榛、丹东栗、松子、秋子梨、树莓、越橘（蓝莓）、山葡萄、东北红豆杉、北五味子、刺五加等经济树种的核心产区。此外，还有核桃、栗等经济树种的栽培。

五、蒙新地区

本区西部介于北纬 36°86′（新疆于田县）至北部边境线，东经 73°40′~119°20′；大型地貌界限为青藏高原和长城以北、大小兴安岭以西的广大区域；气候区划上属北温带和中温带，与全国植物资源区划中的西北干旱、半干旱荒漠和草原大区大致相同；行政区划上包括新疆、宁夏、内蒙古的全部以及甘肃的中部和北部。该区域属大陆性气候，光照充足，降水量稀少，蒸发量大，夏季干热，冬天寒冷，年较差和日较差均大。农区多处于荒漠戈壁和沙漠边缘绿洲，灌溉农业，土壤以砾石、砂土和砂壤土为主，土质瘠薄，盐碱含量高，其中的环塔里木盆地边缘绿洲和宁夏河套灌区，由于具有得天独厚的生态地理环境和优越的水土光热条件，分别是闻名中外的新疆瓜果和宁夏枸杞的主产区。

该区经济林资源丰富，新疆是古丝绸之路的核心区域，张骞出使西域带回的经济林种子主要留在此区域繁殖，极大地丰富了我国西部的经济林资源。新疆南部有 20 多个落叶果树种类。新疆北部的天山是我国野生果树及近缘植物的重要分布区域，有 58 个树种，隶属 9 科 21 属。蒙新地区是我国枣、葡萄、核桃、杏、枸杞、沙棘、苹果、梨、扁桃、阿月浑子、石榴、无花果、李、欧洲李、桃、榛子、山楂、山杏、野扁桃、樱桃李、文冠果、花椒等经济树种的核心产区。此外，还生产草莓、樱桃、银杏、杏、李等。新疆近年来经济林产业发展速度很快，其中尤以枣树和核桃规模扩张最快，现在已经成为我国最重要的枣产区。

六、西南地区

大型地貌界限为青藏高原以南、成都平原以西的广大区域；气候区划上属北亚热带和南亚热带，与全国植物资源区划中的西南半湿润常绿阔叶林大区大致相同；行政区划上包括云南的北部和中部、四川的西部、西藏的东南角。该区气候条件复杂，而且受印度洋季风气候影响，可明显划分为雨季和旱季。

该地区植物种类非常丰富，大部分经济林树种都能在该区域生长结实，是我国核桃、紫胶、云南松子、澳洲坚果的核心产区。此外，油茶、油桐、板栗、山苍子、茶等都有大量的栽培。干热河谷是指高温、低湿河谷地带，大多分布于热带或亚热带地区，在我国主要分布于西南的岷江、大渡河、雅砻江等流域。干热河谷地区光热资源丰富，气候炎热少雨，水土流失严重，生态十分脆弱，寒、旱、风、虫、草、火等自然灾害特别突出，土壤、气候条件严酷。适应该地区的经济林树种很少，都是非常耐高温、耐干旱的经济林树种，如木本工业原料树种麻疯树(能源树种)、印楝(农药树种)、辣木(木本蔬菜)等。

七、青藏地区

本区位于北纬28°~40°、东经78°~103°，包括整个青藏高原，属高原气候区域，与全国植物资源区划中的青藏高原高寒植被大区大致相同；行政区划上包括青海和西藏的绝大部分、四川的西北部、新疆的南部和西南部高海拔地区。该区域由于平均海拔很高，水热资源不如其他地区充足，经济林树种栽培分布相对较少，枸杞等少数经济林树种有栽培分布；在南部和东部温暖湿润地区有少量的经济林栽培，树种有松类、核桃、漆、桑、花椒等。

第三节　部分优势特色经济林资源

一、油茶

油茶泛指山茶科山茶属(*Camellia*)中种子含油率较高，且有较高栽培应用价值的一类油料植物，其中以普通油茶(*Camellia oleifera* Abel.)栽培范围最广，资源面积占所有油茶栽培面积的95%以上。油茶是世界四大木本油料植物之一，也是我国特有的一种传统木本食用油料植物，极具营养、健康、经济和社会价值。为常绿灌木或乔木，喜酸性土壤，主要生长于我国秦岭—淮河以南的亚热带地区，资源主要分布于江苏、浙江、安徽、福建、江西、湖南、湖北、河南、广东、广西、海南、重庆、四川、贵州、云南、陕西、甘肃17省(自治区、直辖市)。其中，湖南、江西、广西种植面积为全国前三，占全国种植面积的64.25%。泰国、越南、缅甸和日本等国也有少量分布或零星栽培。我国的油茶加工业主要以生产食用油为主，油茶籽油含不饱和脂肪酸高达90%，且含有多种活性成分，被誉为

"东方橄榄油"。油茶已被列为我国重点研发的食用油料树种。在国家政策的扶持与鼓励下，油茶种植面积近年来处于逐年增长的态势，我国现有油茶种植面积已达453.33万公顷，占全球油茶资源的95%以上；油茶籽产量263万吨。

二、核桃

核桃是我国重要的油脂、果品兼用的经济林树种，是世界著名的四大干果之一。我国是核桃原产地之一，且具有悠久的栽培历史。核桃科(Juglandaceae)共有7个属约60种。用于栽培的有两个属，即核桃属(*Juglans* L.)和山核桃属(*Carya* Nutt.)。核桃属约有20种分布在亚洲、欧洲和美洲。我国栽培的有18种，其中栽培最多、分布最广的有两种，即普通核桃(*Juglans rejia* L.)和铁核桃(*Juglans sijillata* Dode)，其余有少量栽培或野生，或用作砧木。山核桃属共有18种3变种，而价值高、实现大面积人工栽培的主要有中国山核桃(*Carya cathayensis* Sarg.)和美国山核桃(又称薄壳山核桃，*Carya illinoensis* K. Kocn)。全国核桃栽培面积达800万公顷，总产量达364.52万吨，居世界首位。其中，云南、山西、河北、陕西、四川年产量达10万吨以上，是我国核桃生产大省。云南的漾濞、楚雄，山西的汾阳、孝义，河北的涉县，陕西的商洛等地，是我国著名的核桃产区。国外核桃栽培，在美洲以美国最多，栽培水平较高；在亚洲以伊朗、土耳其最多；在欧洲以乌克兰、罗马尼亚、法国等栽培较多。核桃具有很高的经济价值和广泛的医疗保健作用。核桃仁含有大量的不饱和脂肪酸、蛋白质和维生素E等，可补气养血、安神健脑、温肠补肾、止咳润肺。内服核桃青皮(中药称青龙衣)可治慢性气管炎、肝胃气痛；外用治顽癣和跌打外伤。核桃木材是航空、交通和军事工业的重要原料。核桃的树皮、叶子和果实青皮含有大量的单宁，可提取栲胶。果壳可烧制成优质的活性炭，是国防工业制造防毒面具的优质材料。在山坡丘陵地区栽植，具有涵养水源、保持水土、净化空气等生态作用。

三、栗

栗是可生产栗子的壳斗科(Fagaceae)栗属(*Castanea*)植物的统称，是我国重要的干果树种之一，其果实富有"干果之王""木本粮食"等美誉。我国以板栗(*Castanea mollissima* Blume)分布范围最广，栽培面积最大；其次为锥栗[*Castanea henryi* (Skam) Rehd. et Wils.]，主产南方长江以南地区。

板栗原产我国，栽培历史悠久，品种资源丰富，分布地域辽阔。板栗广泛分布于我国 26 个省(自治区、直辖市)，北起辽宁，南到海南，西至陕西，东至东南沿海都属于板栗种植的范围，板栗抗旱、耐瘠薄，可保持水土，具有良好的生态效益和经济效益，在生态文明建设和精准扶贫中发挥了重要作用。截至 2018 年年底，我国板栗栽培面积 343.85 万公顷，年产量 198.82 万吨左右，占据全球栗产量比重的 80%以上，是我国广大山区栗农脱贫增收的“铁杆庄稼”。板栗的种质分为北方生态品种群和南方生态品种群这两种生态种植群，华北地带是北方生态品种群的核心种植区域，长江流域则是南方生态品种群的核心种植区域。

四、枣

枣(*Ziziphus jujuba* Mill.)为鼠李科(Rharaceae)枣属(*Ziziphus* Mill.)植物，为我国干果、药用、生态兼用经济林树种。枣树原产我国黄河中下游，已有 7000 多年的栽培利用历史，与桃、杏、李、栗并称为古代“五果”，是我国第一大干果树种和最具代表性的民族果树之一。我国有超过世界 98%的红枣种植面积和产量，并占有世界近 100%的红枣贸易额。枣树是我国分布最广泛的栽培果树之一，北起内蒙古，南至广东、广西，西至新疆，东到沿海各省，除黑龙江、西藏之外，北纬 19°~43°、东经 76°~124°的各个省份均有分布，其垂直分布在华北和西北的个别地区可达 1300~1800m，在低纬度的云贵高原可达 2000m。在过去的近 20 年里，枣树发展速度很快，发展速度最快的是新疆，从 20 年前的少量栽培上升为全国种植面积最大、产量最高的省份。其次是陕西、山西、河北、山东和河南五省。据 2017 年统计数据看，新疆红枣产量约占全国总产量的 48%。从 2009 年到 2018 年，我国枣树种植面积增长了 70%。红枣产量快速增长，平均年增长速度约为 10%，2018 年的产量比 2009 年翻了一番。目前，我国主产区集中在以新疆为代表的西北沙漠沙地枣区、黄土高原和太行山地枣区、华北平原及黄河下游枣区。截至 2017 年年底，全国枣面积约 133.3 万公顷，年产(折合)干枣 624.94 万吨，包括加工和销售工在内年产值约 1000 亿元。

五、仁用杏(含山杏)

仁用杏原产于我国，是以杏仁为主要产品的杏属果树的总称，包括苦仁和甜仁两大类。苦仁类主要指西伯利亚杏[*Armeniaca sibirica* (L.)

Lam.]、辽杏[*A. mandshurica*(Maxim) Skv.]、藏杏[*A. holosericea*(Batal.) Kost.]和杏(*A. vulgaris* Lam.)的野生类型；甜仁类主要指普通杏和西伯利亚杏种间自然杂交的杏扁系列品种。杏仁具有很高的食用价值和药用价值，是国内外市场紧俏的高档商品，具有广阔的国内外市场。我国仁用杏(山杏)资源分布范围广、数量多，主要分布于长江以北的广大地区，东起黑龙江、辽宁、内蒙古、河北、北京、河南、山西、陕西、宁夏、甘肃，西至新疆等省(自治区、直辖市)均有分布。全国仁用杏(山杏)面积约为181.6 万公顷，其中，山杏 153.8 万公顷，栽培甜杏仁(大扁) 为我国独有的仁用杏资源，约 27.8 万公顷。主要栽培省份为内蒙古、河北、陕西、山西、宁夏、甘肃等。年产杏扁约 20 万吨，年产杏仁约 9.25 万吨(苦杏仁 7.2 万吨，甜杏仁 2.05 万吨)。杏树树体抗旱、抗寒、耐瘠薄、适应性强，是防风固沙的先锋树种。发展仁用杏不仅可以改善生态环境，对提高经济效益也有重要意义。

六、柿

柿(*Diospyros kaki* Thunb.)是柿科(Ebenaceae)柿属(*Diospyros* Linn.)植物中作为果树栽培的代表种。我国是柿的原产国之一，也是世界上柿树栽培历史最悠久(有文字记载的历史 2000 年以上)、面积最大(93.33 万公顷)和年产量最多(400 万吨)的国家，但传统产区以涩柿(此处指“非完全甜柿”)为主。涩柿果实需经人工脱涩处理才能食用，花费人力、物力和财力，且脱涩后的果实耐贮性降低，而脱涩不完全的柿果不仅商品价值低，还导致消费者对其诱发“柿结石”的恐惧。因此，甜柿(此处特指“完全甜柿”)作为鲜食果品较涩柿更具市场竞争力。由于成年柿树抵御生物和非生物逆境能力较强，易形成可粗放管理的认识误区，因此，柿园田间管理技术尚有较大的提升空间。此外，柿的加工适应性较好，日本、韩国市场相关商品较多，但我国除柿饼之外，其他商品还相当罕见。因此，柿的精深加工还有很大的潜力可挖。

中国、韩国、日本和巴西是柿的传统产区。近年来，西班牙产业规模增长较快，自 2014 年起的年产量已超日本、位居世界主产国第 3 位。其他有商品生产的国家还有阿塞拜疆、乌兹别克斯坦、意大利、以色列、伊朗、新西兰等。国外柿生产以小到中等经济体居多，日本、韩国、西班牙等产业规模较小，美国、俄罗斯、印度和东南亚等国家和地区由于气候和饮食传统等原因尚未形成规模，因此，柿生产是我国的特色和优势产业，有广阔的国内和国际市场。此外，许多发展柿生产的国家位于“一带一路”地理范围，这将为未来开展相关国际合作和果品贸易提供便利。

近年来，我国柿的主产区由传统的黄河流域开始向长江流域及其以南发展。以长江为界，年产量排名前 10 的省份南北各占 50%。在农业农村部统计果品中柿的年产量排名第 8 位。但柿产业还存在综合效益差、科学技术起点低等突出问题，亟待研究和改进。

七、榛子

榛子为桦木科(Betulaceae)榛属(*Corylus*)树种，其果实含有丰富的营养成分，是世界四大坚果之一。榛子适应性强、分布广，常被作为水土保持及园林绿化树种。中国是榛子的原产地之一，采集食用历史悠久，但人工栽培技术于 20 世纪 80 年代才开始起步发展。我国榛属植物共 8 种 2 变种，除广西、广东、海南、福建、港澳特区外的 24 个省(自治区)及 4 个直辖市有分布，生长地域范围广且多在山区或丘陵地带。有垦复利用价值的野生榛主要为中国原产的平榛、毛榛。平榛面积最大，产量最多，主要分布区是东北和华北地区，集中在大兴安岭、小兴安岭及燕山、太行山脉，面积和产量均占全国的 70%以上。毛榛主要分布区与平榛相同，在长白山北部富尔河流域有集中分布，在内蒙古东部、黑龙江和吉林榛子市场占有一定比例。栽培种是以野生平榛为母本、欧洲榛为父本进行种间杂交而选育的平欧杂种榛，具有大果、抗寒、丰产等特性，开启了我国榛子人工栽培的新时代。2000 年开始杂交榛的栽培从辽宁兴起并逐步推广到我国近 20 个省份。截至 2020 年，杂交榛在辽宁、黑龙江、吉林、山东、河北、山西、新疆、安徽等省份得到快速发展，适生范围包括淮河以北的广大地区，全国栽培面积约 10 万公顷。

八、蓝莓

蓝莓一般指杜鹃花科(Ericaceae)越橘属(*Vaccinium* L. spp.)植物中的蓝果类型，为多年生落叶或常绿灌木。成熟的蓝莓果实为蓝色，甜酸适口，香气清爽宜人，富含多种生理活性物质，是目前花青素含量最高的果品之一，被国际粮食及农业组织列入人类五大健康食品。全球超过 58 个国家种植蓝莓。我国野生蓝莓资源多样，储量丰富，经济利用价值最高的为笃斯越橘（*V. uliginosum* L.），主要分布在大小兴安岭和长白山地区。我国于 20 世纪 80 年代引进，2000 年前后开始规模种植，目前已覆盖全国 27

个省份。我国蓝莓栽培面积已达6.64万公顷，产量34.72万吨。栽培面积以贵州、辽宁、山东、吉林和四川排在前五位，产量以贵州、山东、辽宁、浙江、安徽、四川和吉林排在前列。全国逐渐形成了5个蓝莓主产区：长白山和大小兴安岭产区、辽东半岛、胶东半岛产区、长江流域产区、西南产区。

九、花椒

花椒(*Zanthoxylum bungeanum* Maxim.)，属芸香科花椒属落叶小乔木，是我国栽培历史悠久，分布很广的香料、油料树种，作为传统的出口商品，早在明朝时就已远销朝鲜、日本及东南亚国家。花椒果皮除作调味料外，还可提取芳香油、入药。花椒种子既可榨油，也可加工制作肥皂。花椒木质部结构密致、均匀，纵切面有绢质光泽，木材有美术工艺价值。花椒密植可作防护刺篱。中国是世界上花椒栽培面积和生产量最大的国家，产地北起东北南部，南至五岭北坡，东南至江苏、浙江沿海地带，西南至西藏东南部；见于平原至海拔较高的山地。除东北、内蒙古等少数地区外，黄河和长江中上游的20多个省份都有花椒栽培，其中以西北、华北、西南分布较多，而太行山区、沂蒙山区、陕北高原南缘、秦巴山区、甘肃南部、川西高原东部及云贵高原为花椒主要栽培区。河北的涉县，山东的莱芜，山西的芮城，陕西的凤县、韩城，四川的汉源、西昌、冕宁、汶川、金川、平武，重庆的江津，河南的林州，甘肃的武都、秦安，贵州的水城、关岭等县市为我国花椒著名产区。全国花椒种植面积达167万公顷，年产花椒约35万吨，形成年产值300多亿元的特色产业。

十、八角

八角(*Illicium verum* Hook. f.)为八角科(Illiciaceae)八角属(*Illicium* Linn.)植物，常绿乔木，其果实多具8个蓇葖呈八角状，故称八角，是我国南方重要的香料树种和优良的水源林树种，栽培利用已有1000多年的历史。其树皮、枝叶、果皮、种子富含芳香油(又称为八角茴油或茴香油)，可用来蒸油，八角茴油是高级香水、香皂、饮料、食品、牙膏及化妆品不可缺少的增香剂。从八角中提取莽草酸，广泛应用于医药工业、兽药工业及其他化学工业，如医药工业中用其为镇痛药、感冒药等的原料。干果、枝、叶及皮为优良的调味香料，药用价值高，具有健胃、止咳、止痛、调中理气、祛寒湿等功效。此外，国内外还将八角广泛地用作畜牧饲料的添加剂。

八角原产于广西西南部和云南东部，主要分布在亚洲东南部。我国八角分布范围为北纬21°30′~25°30′、东经98°00′~119°00′，主要分布在广西、广东、云南、福建。垂直分布多在海拔300~1200m，云南省的八角可分布到海拔1800m。广西是我国八角生产的中心产区，栽培面积最大，其次是云南。2017年八角栽培面积36.6万公顷，干果产量19.53万吨，八角茴油1.0万吨，面积和产量均占全国90%左右。

十一、枸杞

枸杞是茄科枸杞属(*Lycium* Linn.)植物，我国枸杞属的物种有：枸杞/中华枸杞(*Lycium chinense* Mill.)、黄果枸杞(变种)(*L. barbarum* L. var. *auranticarpum* K. F. Ching var. nov.)、宁夏枸杞(*L. barbarum* L.)、宁夏枸杞(原变种)(*L. barbarum* L. var. *barbarum*)、枸杞(原变种)(*L. chinense* Mill. var. *chinense*)、北方枸杞(变种)[*L. chinense* Mill. var. *potaninii*(Pojark.)A. M. Lu]、柱筒枸杞(*L. cylindricum* Kuang)、新疆枸杞(*L. dasystemum* Pojark.)、新疆枸杞(原变种)(*L. dasystemum* Pojark. var. *dasystemum*)、红枝枸杞(变种)(*L. dasystemum* Pojark. var. *rubricaulium* A. M. Lu var. nov.)、黑果枸杞(*L. ruthenicum* Murr.)、截萼枸杞(*L. truncatum* Y. C. Wang)、云南枸杞(*L. yunnanense* Kuang)。

主要栽培物种有枸杞/中华枸杞、宁夏枸杞、黑果枸杞等。截至2017年年底，全国枸杞栽培种植面积逾13.33万公顷，主要种植在我国西北地区；其中宁夏的栽培面积和产量最多，种植面积和产量均占到全国的近50%，其次为青海、甘肃、内蒙古、新疆等地。

十二、杜仲

杜仲(*Eucommia ulmoides* Oliv.)是杜仲科杜仲属，为单属单种植物。第四纪冰川侵袭后残留下来的古老树种，国家二级保护野生植物，重要的经济林树种。全树皆宝，既是我国重要的国家战略资源，又是特有的名贵药材和木本油料树种，也是重要的防护林树种和用材林树种。自然分布区域在北纬25°~35°、东经104°~119°，南北纵贯10°左右，东西横跨15°，大体上在秦岭、黄河以南，五岭以北，黄海以西，云贵高原以东。从种植分布看，北自吉林、辽宁，南至福建、广东、广西，东达浙江，西抵新疆喀什、云南，中经安徽、湖北、湖南、江西、河南、四川、贵州等地。杜仲引种北移主要指标为年平均气温不低于 6.5℃，极端最低气温不低于 -30℃。经过引种驯化，我国杜仲栽培地理分布区域在北纬 24.5°~41.5°、东经 76°~126°，南北纵贯 17°(约 2000km)，东西横跨 50°(约 4000km)；垂直分布范围在海拔 10~2500m。对杜仲的应用已经从单一药用扩展到航空航天、国防军工、交通通信、医疗保健、油料食品、绿色养殖等行业，产业化前景十分广阔。在我国亚热带至温带 28 个省(自治区、直辖市)的 600 余个县、区内均有栽培。目前，全国杜仲栽培面积 40 万公顷，河南、湖南、湖北、陕西、贵州、四川、甘肃等地为目前我国杜仲中心产区。

第三章
经济林木的生长发育

第一节　经济林木的生命周期

经济林木在其个体发育过程中，都要经历萌芽、生长、结实、衰老、死亡这一过程，这个过程包含了全部的生命活动，因此称为生命周期。了解经济林生命周期各阶段的特点，并通过各种农业措施缩短实生树的幼年阶段或无性繁殖树的营养生长阶段，尽量延长成年阶段，推迟衰老期的到来，对经济林木育种及经济林木栽培工作具有十分重要的意义。

在各类经济林木中，以生产果实(种子)为栽培目的的经济林树种，与生产其他经济林产品(树叶、树皮、树液、树脂、纤维等)为栽培目的的经济林树种相比，由于生产品种类差异很大，不同生长发育时期出现的早晚及持续时间的长短差异巨大，在理论和实践中应区别对待。

一、实生繁殖树生命周期

实生繁殖的经济林木，自种子萌芽后，往往要经过多年的营养生长才能开花结实，此后只要环境适合，可以继续生长并多次重复开花结实过程，在一生中经历萌发与生长、多次开花与结果、衰老与死亡的完整历程。实生繁殖的经济林木个体发育的生命周期包括三个明显不同的发育阶段，即幼年(童期)阶段、成年阶段和衰老期阶段。

(一)幼年阶段

幼年阶段也称童期，是指从种子萌发起，经历一定的生长阶段，到具备开花潜能之前这段时期。在实生苗的童期中，植株只有营养生长而不开花结果，任何措施均不能促使其开花。经济林木童期的特点是生长迅速，树冠和根系离心生长并迅速扩大。光合面积逐渐增大，同化物质逐渐增多。树体逐渐具备形成性器官的生理基础和能力并最终实现开花。这时，植株进入成年阶段。童期这一动态过程叫作性成熟过程。

童期长短是植物的一种遗传属性。在栽培和育种上为观察方便起见，通常以播种到开花结果所需年份表示童期的长短。各种经济林木的童期长短不同，如"桃三杏四梨五年"，柑橘类约七八年，银杏、荔枝、龙眼等则为十几年。同一树种不同品种的童期长短也有不同，如早实型核桃从种子萌发到首次开花结实只需1~2年，童期很短，因此被称为"隔年核桃"或"当年核桃"，而晚实型核桃则需8~10年才能开花结果。

（二）成年阶段

实生经济林进入性成熟阶段（具开花潜能）后，在适宜的外界条件下可随时开花结果，这个阶段称为成年阶段。根据结果的数量和状况又可分为结果初期、结果盛期、结果后期三个不同的阶段。这几个阶段本质上是相同的，都处在生理成熟阶段，但在不断地加深衰老程度。

1. 结果初期

特点：树冠和根系仍快速扩展，叶片同化面积增大。结果部位的叶面积逐渐达到定型的大小，但结果部位以下着生的枝条仍处于童年阶段。此期部分枝条先端开始形成少量花芽，但这些花芽一般质量较差，部分花芽发育不全，坐果率低。果实较大，含水量多，皮较厚，肉较粗，味较酸，品质较差。

2. 结果盛期

特点：树冠分枝级数增多并达到最大限度，年生长量逐渐稳定。在树冠内部，个别生长旺盛的枝条表现出"复幼"现象。叶、芽、花等在形态上表现出该树种固有特性。叶果比比较适当，花芽容易形成。结果部位扩大，在主干生理成熟部位容易成花结果。果实大小、形状及风味达到本品种的最佳状态，产量逐年增加并达到最高水平。在正常情况下，生长、结果和花芽形成达到平衡。树冠下部仍表现出童性。

3. 结果后期

特点：地上部分枝条分枝级数渐高，先端枝条及根系开始回枯，出现自然向心更新并逐步增强。连年开花结果使树体内同化物质积累减少，树体营养生长减弱并逐渐衰老。产量不稳，大小年结果现象明显，果实变小、含水量少、含糖较多。

（三）衰老阶段

其特点是树势明显衰退，表现为树体的骨干枝、骨干根逐步衰亡，枝条生长量小，细小纤弱，结果枝或结果母枝越来越少，结果量少，果实小且品质差，体内生理活动下降，树冠更新复壮能力和抗逆能力显著下降。

二、无性繁殖树生命周期

由于实生繁树童期长，植株变异幅度大，优株率低，林木不整齐，产量低，管理不方便，在现代经济林生产中，以实生苗为繁殖材料者甚少，大多栽无性繁殖苗木，由于这些苗木不是种子实生，而是成龄母体的延续，完成了性成熟，从种植开始就具备了开花结实的潜能，没有真正的幼年阶段。无性繁殖树先要经历一个营养生长为主的阶段才进入开花结果阶段，所以它们的个体发育生命周期通常分成幼老年期、初产期、盛产期和衰老更新期四个阶段。

（一）幼年期

幼年期通常是指从苗木定植到有经济林产量这段时期。幼年期的特征是树体迅速扩大，开始形成骨架。枝条生长势强并呈直立状态，因而树冠多呈圆锥形或塔形。新梢生长量大，节间较长，叶片较大，一年中具有二次或多次生长，组织不够充实并因此而影响越冬能力。在此时期，无论是地上部或是地下部离心生长均旺盛，根系生长快于地上部，一般先形成垂直根和水平骨干根，继而发生侧根、支根，到定植3~5年才大量发生须根。随着根系和树冠的迅速扩大，吸收面积和叶片光合面积增大，矿质营养和同化物质累积逐渐增多。随着体内营养物质的积累，各类营养物质的调整及体内各种激素水平和种类的变化，各种细胞、组织和器官相继分化产生，最终分化形成花芽并开花结实。开花结实是植物个体发育上一个巨大转变，标志着生殖生长的开始。

幼年期的长短因树种、品种和砧木不同而异。油桐中的对年桐播后第二年可开花结实，枣1~3年，栗、柿4~6年，核桃3~8年，油茶2~3年，银杏5~6年。幼年期的长短与栽培技术有密切的关系。尽快扩大营养面积，增进营养物质的积累是提早结果，缩短幼年期的中心措施。常用的调控措施有：深翻扩穴，增施肥水，培养强大根系；轻修剪、多留枝，使早期形成预定树形。

（二）初产期

初产期是指从开始结实（收获）到大量结实（收获）前这段时期。这一时期仍然生长旺盛，离心生长强，分枝大量增加并继续形成骨架。根系继续扩展，须根大量发生。

经济林木个体随着体内营养物质的积累，各类营养物质的调整及体内各种激素水平和种类的变化，各种细胞、组织和器官相继分化产生，最终分化形成花芽并开花结实。开花结实是植物个体发育上一个巨大转变，标志着生殖生长的开始。开花结实包括花原基发生，花器发育及开花后的授粉受精，种子发育及成熟等各个阶段。在花芽分化过程中，各种营养物质的代谢及内源激素的比例都在发生变化，这些变化都以光合产物和贮藏营养物质作为能源的基础，花起源于顶生和侧生分生组织，当营养条件具备时，任一叶芽均可转化为花芽，不过从这一时期开始时，营养生长仍占优势，枝的分枝级数增加，树冠继续扩大，主枝逐渐开张，树势逐渐缓和，枝类组成发生变化，中短枝比例增加，产量逐年上升。

这一时期栽培管理的主要任务是轻剪、重肥，继续深翻改土，建成树冠骨架，着重培养结果枝组，防止树冠旺长，在保证树体健壮生长的基础上，迅速提高产量，争取早日进入盛果期。

(三)盛产期

盛产期是指经济林木进入大量结果(或受益高峰)的时期，是经济林栽培最有经济价值的时期。这个时期经历大量结果到高产稳产，再到出现大小年和产量开始下降这样一个过程。在这个时期，无论树冠或根系均已扩大到最大限度，骨干枝离心生长逐渐减缓，枝叶生长量逐步减小。发育枝减少，结果枝大量增加，大量形成花芽，产量达到高峰。果实大小、形状、品质完全显示出该品种特性。树冠外围上层郁闭，骨干枝下部光照不良的部位开始出现枯枝现象。结果部位逐渐外移，树冠内部空虚部位发生少量生长旺盛的徒长更新枝条，向心生长开始。根系中的须根部分死亡，发生明显的局部交替现象。树冠内部向心更新后，枝叶与根端的距离缩短，从而有利于养分吸收、合成和运转。

盛产期持续的时间因树种、品种和砧木不同而有很大的差异，自然条件及栽培技术也会产生重要的影响。在盛果期期间，应调节好营养生长和生殖生长的关系，保持新梢生长、根系生长、结果和分化花芽之间的平衡。主要的调控措施：加强肥水供应，实行细致的更新修剪，均衡配备营养枝、结果枝和结果预备枝(育花枝)。尽量维持较大的叶面积，控制适宜的结果量，防止大小年结果现象过早出现。

(四)衰老更新期

衰老更新期是指经济林木生长势开始逐渐减弱，产量逐步下降，直至几乎没有经济产量为止的这段时期，也叫更新复壮期或收获减退期。其特点是：新梢生长量小，产量逐渐减少，果实逐渐变小，含水量少而含糖较多。体内贮藏物质越来越少。虽能萌发徒长枝，但很少形成更新枝。主枝先端开始衰枯，骨干根生长逐步衰弱并相继死亡，根系分布范围逐渐缩小。生产上常用如下措施延缓衰老期的到来：大年要注意疏花疏果；配合深翻改土、增施肥水更新根系；适当重剪回缩和利用更新枝条；小年促进新梢生长和控制花芽形成量，以平衡树势，进行更新复壮修剪，利用徒长枝重新培养结果枝组，尽量维持产量。

以上所述经济林木各个发育阶段虽在形态特征上有明显的区别，但其变化是连续的，逐步过渡的，并无明显的划分界线。而各时期的长短和变化速度，主要取决于栽培管理技术。正确认识各个时期的特点及其变化规律，可以有针对性地制订合理的管理措施，以利早产、高产稳产、延长盛产期，从而提高经济效益。

第二节 经济林木的年生长周期

一、经济林木年生长周期的概念

经济林木一年中随外界环境条件的变化出现一系列的生理与形态的变化，并呈现一定的生长发育规律性。这种随季节而变化的生命活动过程称为年生长周期。

由于世界上既有四季分明的地方，也有四季如春和春夏特短的地方，因而各地经济林木的生长发育规律差异很大。从总体看，经济林木的年生长周期可分为生长期与休眠期。落叶经济林木这两个时期非常明显。从春季萌芽开始就进入生长，根、茎、叶、花、果分别进行一系列的生长发育活动，秋天到来叶片渐趋老化，进入冬季低温期落叶休眠。常绿经济林木地处亚热带或热带，冬季不落叶也能安全越冬，所以在年生长周期中没有一个明显的冬季休眠期。但常绿经济林木会因秋冬的干旱及低温而减弱或停止营养生长，一般认为这种营养生长减弱或停止属于相对休眠性质。热带地区的常绿经济林木还可因旱季的到来而引起营养生长的减弱或暂时停顿，其结果往往导致在随之而来的雨季开花结果。

经济林木在年生长周期中所表现的生长发育的变化规律，通常由器官的动态变化反映出来。这种与季节性气候变化相适应的经济林木器官动态变化时期称为生物气候学时期，简称物候期。经济林木器官动态变化时期可以是范围较大的时期，也可以是范围较小的时期。因此，经济林木物候期有大物候期及小物候期之分。一个大物候期常常可以分为几个小物候期，如开花期可分初花期、盛花始期、盛花期、盛花末期、落花期等若干个小物候期。根系没有自然休眠，只要条件合适，经济林木的根系可以不停地生长，而且有一定节奏，根系与地上部树冠的生长相互交替进行，根系生长节奏因树种、树龄、坐果量和环境条件而异。一般在新梢加速生长前和采收后各有一次生长高峰期。经济林木物候期标志着经济林木与外界环境条件的矛盾统一。经济林木物候期的变化既反映经济林木在年生长周期中的进程，又体现气候在树体上一年中的变化。各地开展主要经济林木物候期观测，累积历史物候期资料，对各地经济林木物候期预报及制定适合物候期变化的农业措施具有重要意义，因而对经济林生产是一项十分有益的活动。

二、落叶经济林木的年生长周期及其调控

落叶经济林木的年生长周期可明显地分为生长期和休眠期。从春天萌芽开始进入生长期，从落叶开始进入休眠期。

(一) 生长期

落叶经济林木进入生长期以后，地上部各器官及地下部的根系分别开始活动。在全年活动过程中，某一时间可能有多种物候期存在。乔木落叶经济林木各器官从春天开始，在生长发育过程中出现的物候期及其顺序大致如下：

根系：开始活动期、生长高峰期(多次)、停止活动期。

叶芽：膨大期、萌芽期、新梢生长期、芽分化期、落叶期。

花芽：膨大期、开花期、坐果期、生理落果期、果实生长期、果实成熟期。

因栽培管理的需要常将一些物候期分为若干小物候期。如新梢生长期可分为展叶期、迅速生长期和停止生长期；花芽分化期可分为花芽分化初期、萼片分化期、花瓣分化期、雄蕊分化期、雌蕊分化期；开花期可分为初花期、盛花期、盛花末期和落花期。文冠果、元宝枫等经济林木在初花期前还可分为花芽开绽期、现蕾期、花序分离期等。各种经济林木的物候期出现的先后不尽相同，这与遗传性和各地的气候状况有关。大部分经济林早春根系活动一般比地上部活动开始早，但柿、栗发根与萌芽大体同时进行，或者发根迟于萌芽。而发根比萌芽早的树种，在一些早春气温增高

快的年份又会出现地上部与地下部几乎同时开始活动的现象。

(二)休眠期及其调控

1. 休眠期的概念

经济林木的芽或其他器官生长暂时停顿，仅维持微弱的生命活动的时期称为休眠期。经济林木的休眠是在系统发育过程中形成的，是一种对逆境的适应特性。经济林木休眠可根据其生理活性特性分为两种不同类型，即自然休眠和被迫休眠。

自然休眠是指即使给予适宜生长的环境条件仍不能萌芽生长，需要经过一定的低温条件，解除休眠后才能正常萌芽生长的休眠，落叶经济林木冬季落叶休眠属于这种休眠。经济林木只有正常进入自然休眠状态才能进行以后的生命活动，完成各个物候期，也只有进行休眠才能保证树体在严寒的冬季生存下去。

被迫休眠是指由于不利的外界环境条件(低温、干旱等)的胁迫而暂时停止生长的现象，逆境消除即恢复生长。经济林木的根系休眠属于被迫休眠。经济林木的芽在自然休眠结束后，由于当时的温度较低而不能萌发生长是处于被迫休眠状态。不过，这种被迫休眠与自然休眠是不易从外观上加以辨别的，解除休眠通常是以芽开始活动为标志。

2. 休眠表现及影响休眠的外在因素

经济林木进入休眠期的时间和休眠的深度因树种、品种不同而有别。一般落叶经济林木的自然休眠期在 12 月初到翌年 1 月底。枣、柿、栗和葡萄开始休眠较早，约在 9 月下旬到 10 月，落叶后随即转入自然休眠期，而梨、桃、榛等进入深度自然休眠期较晚。经济林木自然休眠期的长短与其在原产地形成的对冬季低温的适应能力有关。原产温带温暖地区的树种的休眠期与原产温带大陆性气候寒冷地区的树种不同，自然休眠期要求低温时间短，通常在 11 月中下旬就结束自然休眠。杏、桃、柿、栗等则较长。核桃、枣和葡萄最长，常在 1 月下旬到 2 月中下旬才能结束自然休眠。

休眠期的长短又与树龄、树势甚至组织结构差异有关。一般幼年树比成年树的生活力强，活跃的分生组织比例大，生长占优势，故进入休眠期比成年树晚，而解除休眠期也较迟。从枝条年龄和枝势来看，细小枝、衰弱枝比主干、主枝休眠早。根颈部进入休眠最晚，但解除休眠也早，故易受冻害。花芽比叶芽休眠早，萌芽也早。顶花芽比腋花芽萌发早。枝条中的皮层和木质部进入休眠早于形成层，所以初冬如遇严寒，形成层易于受冻。但进入休眠后，形成层则比木质部和皮部耐寒，故隆冬的冻害多发生在木质部。

落叶经济林木在秋冬季节，枝条能及时停止生长和按时成熟，生理活动逐渐减弱并正常落叶，就能顺利进入并通过自然休眠。因此，凡能影响枝条停止生长以及正常落叶的外在因素都会对通过自然休眠期产生影响。

日照长度对经济林木休眠有非常重要的影响。经济林木是因叶片感应秋冬的日照缩短才开始一系列越冬准备的。暗期变长会促进芽的休眠。若在暗期给以低能光(红光)间断照射，暗期效果就会消失，休眠推迟。例如，许多在路灯附近的经济林木落叶晚。在秋冬日照缩短的同时气温降低，这对落叶经济林木的休眠起了促进作用。因此，通常认为短日照和低温是引起落叶经济林木休眠的主要诱因。

温度对经济林木的休眠产生着非常深刻的影响。例如，葡萄在平均气温20℃时比24℃早进入休眠，12~18℃最适进入休眠。经济林木在进入自然休眠期后需要一定限度的低温期才能通过休眠，否则花芽发育不良，次年发育延迟。一般落叶经济林木要求低温的限度是，在12月至2月间，月平均温度在0.6~4.4℃范围内，达到这个条件次年可正常发芽。生产上通常用树木经历0~7.2℃低温的累计时数计算，称为需冷量。

落叶经济林向南引种，由于夏秋高温，往往延长生长期而推迟落叶，加之冬季低温不足，常不能顺利通过休眠，次年萌芽不整齐，花的质量也差。温带北部的桃树移到广东、福建南部、四川、重庆等地，需冷量不足，常表现发芽晚，花蕾脱落，枝条节间不能伸长。因此，在做品种区划和引种时应对树种、品种通过自然休眠期需要的低温值和时间有透彻的了解。

除日照和温度以外，水分和营养状况也会影响经济林木的休眠。生长后期如雨水过多或施氮肥过晚，将导致枝梢旺长，生长期延长而休眠期推迟。若树体缺乏氮素或组织缺水表现生理干旱，将减弱生理活动，提早进入休眠。

3. 休眠期的调控

经济林木休眠期开始和结束的早晚，在经济林木生产上有着非常重要的意义。因此，生产上常采取多种措施对经济林木的休眠期进行调控。

(1)促进休眠。对幼年树或生长旺盛树，需促其正常进入休眠。可在生长后期限制灌水，少施氮肥，也可使用生长抑制剂或其他药剂，以抑制其营养生长。例如，葡萄使用抑芽丹，核桃使用硫酸锌均可促进休眠，减少初冬的冻害。

(2)推迟进入休眠。对花期早的树种、品种，适当推迟进入休眠期，不仅可以延长营养生长期，而且还可以延迟次年萌芽和开花的物候期，避免早春的冻害。主要的方法是采取适当的夏季重修剪，后期加施氮肥或加强灌水。

(3)延长休眠期。经济林木在通过自然休眠期以后如遇回暖天气，有利于萌芽活动，这时若遇春寒，将会出现冻花冻芽现象，如杏树经常遭遇晚霜危害。为避免上述灾害，可采用树干涂白，早春灌水等办法防止春天树体增温过速，推迟花期，减少早春冻害。秋季使用青鲜素或多效唑，早春使用赤霉素、萘乙酸或2,4-D等也可起到延长休眠，推迟开花的作用。

(4)打破休眠。在温室或大棚内栽培葡萄、蓝莓等，生产上常采用晚上打开大棚蓄冷，白天覆盖棉被保冷的措施，或不经低温处理，用石灰氮处理可使80%植株于30天后萌芽。

三、常绿经济林木的年生长周期及其调控

常绿经济林木分布在热带和亚热带地区。由于冬季温暖，常绿经济林木在年生长周期中没有休眠期。荔枝、龙眼、果杧、油茶等经济林木还会利用暖和的冬季萌发冬梢，扩大树冠。但南方夏秋季雨水较少，常绿经济林木常因干旱而出现生理胁迫，导致它们进入相对休眠状态。但这与落叶经济林木的自然休眠完全不同，应属被迫休眠，出现的生长暂时停顿，只要逆境条件消除，它们又可以继续生长。热带地区常绿经济林木在每年旱季也可认为是处于被迫休眠状态。常绿经济林木的年生长周期是由生长期和被迫休眠期组成的。

既然常绿经济林木没有自然休眠，各器官在年生长周期中就主要以生长和分化为主了。常绿经济林木的器官生长发育特性差异很大，如油茶有春、夏、秋梢，但花芽分化多发生在春梢上。

第三节 经济林木的器官发育

一、根系

根系是经济林木重要组成部分，其功能是固定植株，吸收水分和矿质营养并把它们和贮藏营养及其他生理活性物质输导至地上部，也将地上部的光合产物、有机养分和生理物质送至根系。根系还可贮藏养分，尤其是

落叶经济林木的根系贮藏养分更为重要。根系还可进行某些生物合成，如将无机氮转化为氨基酸和蛋白质；进行糖类和淀粉的相互转化；合成某些激素，如生长素、细胞分裂素等。

（一）根系的类型与结构

经济林木的根系按照根系的发生及来源可分为实生根系、茎源根系和根蘖根系。

实生根系是指从种子的胚根发育而来的根系；目前大部分嫁接树的实生砧木都属此类根系。茎源根系是指由枝条上产生不定根所形成的根系，如扦插和压条育苗形成的根系。根蘖根系是指根上产生不定芽所形成的根蘖苗脱离母体后的根系。实生根系生长力强，适应能力强；茎源根系和根蘖根系生长力和适应能力都相对较弱。

经济林木根系通常由主根、侧根和须根组成。由种子胚根发育而成的称为主根，在它上面着生的粗大分枝称为侧根，侧根上形成的较细的根称为须根。须根是根系最活跃的部分，根系的吸收和输导作用主要靠须根。

根颈是指根系与茎干的交界部分，在实生根系中，它由胚轴发育而成，是真正的根颈；在茎源根系和根蘖根系中，它来源于母株的枝条或根系，是伪根颈。根颈是地上部与地下部营养物质交换的必经通道，一般秋季进入休眠最晚，春季解除休眠最早，对环境变化敏感，其抗性较弱，要严加保护。

（二）经济林木根系的生长

只要条件合适，经济林木的根系可以不停地生长，而且有一定节奏。根系与地上部树冠的生长相互交替进行。根系生长节奏因树种、树龄、坐果量和环境条件而异。一般在新梢加速生长前和采收后各有一次生长高峰期。

（三）影响根系活动的因素

1. 地上部有机养分的供应

根系的生长与养分、水分的吸收运输和合成所需的能量物质都依赖于地上部有机营养的供应。在新梢旺长期间，新梢下部叶片制造的光合产物也主要运到根系中，有节奏和适度的新梢生长对维持根系的正常生长是必不可少的。结果太多或叶片损伤都能引起有机营养供应不足，抑制根系生长，即使加强肥水也极难奏效。

2. 树体对营养元素的需求量

不同树种、品种对营养元素的需求量不一样。如苹果、日本梨、西洋梨对锌需求量大，板栗对锰需求量大。经济林木在不同的生长时期，对营养元素的需求量也不一样，如枝条、叶片的速长期，根系对氮素营养吸收量大；果实着色成熟期，根系对磷、钾元素的吸收量大。

3. 树体的营养水平

在相同的根系条件下，树体营养水平低，需要量大，根系吸收营养量大；树体营养水平高，需要量低，根系吸收营养量小。在不同的根系条件下，树体营养水平低，根系生长不良，根系吸收量小；树体营养水平高，根系生长健壮，根系吸收量大。

4. 土壤温度

根系的吸收主要靠新根，根系生长对根系吸收影响极大。新根生长快，根系吸收也快；新根生长弱，根系吸收也就减弱。土壤温度是影响根系生长的主要因子之一。不同经济林木类型，根系生长所需土壤温度不同(表 3-1)。一般根系在土壤温度 0℃以上才开始活动，15～25℃最适合根系生长，30℃以上，根系生长受抑制。

表 3-1 主要经济林木根系生长三基点温度 ℃

树种	最低温度	最适温度	最高温度
苹果	7.0～7.2	18.3～21.0	约 30.0
梨	约 10.0	20.0～23.0	26.0～35.0
无花果	9.0～10.0	约 22.0	26.0～27.0
桃	4.0～10.0	15.0～24.0	30.0～35.0
柿	11.0～12.0	约 22.0	约 32.0
葡萄	12.0～13.0	约 22.0	26.0～27.0
柑橘	约 12.0	26.0～30.0	约 37.0

温度对根系的影响主要是通过影响根系生长，影响到根系的吸收。在低温条件下，根系细胞原生质黏性增大，生理活性降低；在高温条件下，根系的生理活性也会明显降低，甚至使根系受伤。因此，无土栽培经济林木时要特别注意营养液温度的变化，及时采取保护措施，满足根系对温度的要求。尤其在温度剧烈变化时期，要保护好根颈。

土壤温度对根系生长活动影响极大。春季土温增高，根系开始生长，加强吸收，不同树种根系开始生长要求的温度有明显差异。

经济林木根系生长的最适温度也因树种而异，如草莓为 18.0～20.0℃，苹果为 18.3～21.0℃，桃为 15.0～24.0℃，梨为 20.0～23.0℃，柑橘为

26.0~30.0℃。各类经济林木生长期根系忍受高温有一定限度，梨为26.0~35.0℃，苹果为30℃，柑橘为37℃，草莓可忍受40℃以下土温。土壤温度过高对根系生长不利，苹果根温超过25℃，易使吸收根木栓化，影响吸收、生长。土温上升到29℃，苹果的光合作用和蒸腾作用开始减弱。到36℃时，叶内钾和叶绿素含量减少，光合效率和蒸腾速率进一步下降。砂壤土比黏土下降更明显，根内干物质也明显下降。土温到40℃时，叶绿素含量严重下降，减弱初生木质部形成而使水分运输受阻。

休眠期经济林木根系忍受低温的能力因树种不同差异很大。苹果根系可忍受-12℃的低温，桃能忍受-10.5℃，梨-9℃，葡萄-7~-5℃的低温。经济林木根系忍受低温的能力与砧木有关，如苹果的山定子砧能耐-12℃，矮化砧 M_9 只能忍受-6℃的低温。

5. 土壤的酸碱度

经济林木根系的生长和吸收受其环境中酸碱度的影响，不同树种根系所要求的酸碱度不同，如无花果的最适pH值为7.0~7.5，山楂、板栗、油茶根系所要求的最适pH值为6.0~6.5，苹果根系所要求的pH值为5.4~6.8。

pH值不仅影响根系生长，而且影响营养成分的有效状态。pH值太低或太高，均使某些元素处于难溶状态或不能被根系吸收的状态，从而造成缺素症，如pH值过高，铁元素不能被根系吸收，造成叶片失绿。此外，pH值也影响经济林木根系吸收营养元素的能力，如pH值低时，根系对磷、钙、镁的吸收能力较差，pH值高时，根系对锰、铁、锌的吸收能力较差。所以在配制营养液时，要注意调整其pH值，以满足经济林木根系正常生长、吸收所需要的酸碱度。一般多数经济林木喜欢微酸到中性的土壤环境。

6. 水分和通气

水分是根系吸收、根系生长的最基本要求。矿质营养要在水中才能被吸收，地上部各种生理活动的进行，都要在根系吸收的水中进行。同时要使根系正常生长，起到其吸收作用，就必须有良好的通气条件。通气不良影响根的生理功能和生长，氧气不足时，根和根际环境中的有害还原物质增加，细胞分裂素合成下降。各种经济林木根系需氧量大小不同，如桃树要求较高含氧量。因此，在保证根系不缺水的情况下，还应给予充足的通气条件。在栽培管理中应避免出现“淹水”现象，否则根系会窒息死亡。

二、芽

芽是经济林木地上部一切器官的基础，所有的枝、叶、花、果均由芽发育而来，没有芽就没有地上部器官。芽是地上部各个器官的原始体。

(一)芽的类型与形态

根据不同的分类依据，可将经济林木的芽分成多种类型。

根据芽的性质可分成叶芽和花芽。只含叶原基的称为叶芽，叶芽萌发后，只有枝叶。只含花原基的称为纯花芽，萌发后，只有花而无枝叶。叶与花原基共存于同一芽体中称为混合芽，萌发后既有花又有枝叶。常见经济林木中，桃、李、杏、樱桃、油茶的花芽均为纯花芽。核桃(雌)、柿、板栗、枣、葡萄、苹果、梨、山楂、石榴、榛子(雌)花芽都是混合芽，在经济林木栽培中，识别花芽和叶芽极为重要，它对于有计划地整形修剪、开花坐果具有重要的指导意义。一般来讲，树种、品种不同，其花芽和叶芽的特征也不同，可以根据树种品种的特性，从芽的着生部位和外部形态上加以区别。同一品种，一般花芽比叶芽大、饱满、鳞片紧。

根据芽的着生部位可分为顶芽和腋芽。顶芽指着生于枝条顶端的芽，腋芽指着生于叶腋间的芽，顶芽萌发能力强，第二年都能萌发，腋芽下年不一定萌发。

根据芽的萌发状况分为萌发芽和潜伏芽。萌发芽是指在形成当年或第二年萌发的芽，这是一般经济林木自然生长情况下，生长结果的基础。潜伏芽指在不受刺激情况下不萌发的芽，一般着生于枝条基部，很小，又称隐芽；其寿命长短因树体而异，寿命长者，易于更新复壮，树体寿命也长。反之，不易更新，寿命短。核桃、柿隐芽寿命长，树的寿命也长。桃、李的隐芽寿命短，树的寿命也短。

(二)芽的特性

1. 芽的异质性

枝条不同部位的芽由于形成期、营养状况、激素供应及外界环境条件不同，造成了它们在质量上的差异，称为芽的异质性。通常，枝条如能及时停长，顶芽质量最好。秋季形成的顶芽，时间晚，有机营养累积时间短，芽多不饱满，甚至顶芽尚未形成，由于低温来临迫使枝条也会停长。腋芽质量主要取决于该节叶片的大小和提供养分的能力，因为芽形成的养分和能量主要来自该节的叶片，所以枝条基部和先端芽的质量较差。如枝条基部芽在形成时正值早春，气温低，树体在开始生长阶段，叶面积小，所以形成的芽发育程度低，质量差，多为瘪芽，呈休眠状态。枝条中部的芽形成时间在春夏，气温高，叶面积大，营养充足，所以形成芽的发育程度高，质量好，饱满。饱满芽、壮芽生长势强，抽生壮枝、大枝、长枝；弱芽、小芽生长势，生弱枝、短枝。柑橘、板栗、柿、杏、猕猴桃的新梢有自枯现象，位于最先端腋芽称为假顶芽。

2. 芽的早熟性和晚熟性

一些经济林木新梢上的芽当年就能大量萌发并可连续分枝，形成二次或三次梢，这种特性称为芽的早熟性，如葡萄、桃、枣、杏等。另一类经济林木的芽，一般情况下并不萌发，新梢也不分枝，称为芽的晚熟性，苹果、梨。具有早熟性芽的经济林木进入结果期早，晚熟性芽结果一般较晚。

3. 萌芽力与成枝力

枝条上的芽能抽生枝叶的能力叫萌芽力，以萌芽力占总芽数的百分率表示。萌发的芽可生长为长度不等的枝条，抽生长枝的能力叫成枝力，以长枝占总萌芽数的百分率表示成枝力。萌芽力与成枝力因树种和品种而异，柑橘、桃、杏的萌芽力和成枝力均强。梨的萌芽力强但成枝力弱。富士苹果萌芽力和成枝力较弱，短枝型元帅系苹果萌芽力强，成枝力低。

4. 芽鳞痕与潜伏性

春季萌发之前雏梢已经形成，萌发和抽枝主要是节间延长和叶片扩大，芽鳞体积基本不变并随着枝轴的延长而脱落，在每个新梢基部留下一圈由许多新月形构成的芽鳞痕，或称外年轮和假年轮，可依据它来判断枝龄。每个芽鳞痕和过渡性叶的腋间都含有一个弱分化的芽原基，从枝的外部又看不到它的形态，所以称为潜伏芽(隐芽)。此外，在秋梢和春梢基部1~3节的叶腋中有隐芽，称为盲节。

在经济林木衰老和强刺激作用下(如短截修剪)，潜伏芽也能萌发。不同种类、品种潜伏芽寿命和萌发能力并不一样，柑橘、杨梅、柿、仁果类潜伏芽寿命长，桃较短。凡是潜伏芽寿命长的树种，易于更新复壮，树冠内膛不易空虚。

三、枝干

枝干是经济林木的骨干，运输和贮藏营养，所以对经济林木的树形、健壮生长影响极大。

(一)枝的类型

凡是当年抽生，带有叶片，并能明显地区分出节和节间的枝条称为新梢，不易区分节间的称为缩短枝或叶丛枝。新梢落叶后为一年生枝，着生一年生枝的枝条称为二年生枝，依此类推。

从枝条的类型来看，经济林木的枝条可分为营养枝和结果枝。营养枝是只有叶芽的枝，又称生长枝。树体的生长与骨架的构成，主要靠营养枝，它包括生长量小、枝长不足0.5cm的叶丛枝和芽体饱满、生长量较大的发育枝。结果枝是指着生花芽的枝，开花、结果为这类枝主要任务。

(二)枝条生长的年周期规律

1. 延长生长

枝条延长生长是通过顶端分生组织分裂和节间细胞的生长实现的。随着枝条的伸长，进一步分化出侧生叶和芽，枝条形成表皮、皮层、木质部、韧皮部、形成层、髓和中柱鞘等各种组织。枝条的生长是有节奏的，落叶经济林木枝条生长分三个时期，即开始生长期、迅速生长期和停止生长期。芽体萌发后，利用树体内贮藏的营养开始枝条的加长生长，随着新梢叶片的成熟，枝条生长开始利用当年合成营养，生长加速，到一定时期，由于外界光照、温度等变化，枝条生长减缓至停长。

不同树种新梢生长动态有很大差异，同一种类也会因品种、环境、树龄、负载量等因素的影响而有所变化。葡萄、猕猴桃、桃、柑橘都能一年多次抽生新梢。油茶、板栗、苹果、梨只沿枝轴方向延伸1~2次，很少发生分枝。幼龄经济林木，负载量较小易发生秋梢。成年经济林木负载量大时不易发生秋梢，甚至不发生二次生长。开始生长期要想方设法加速枝条生长，到花芽分化开始则必须抑制生长，以有利营养积累和花芽形成。

2. 增粗生长

树干、枝条的增粗是形成层细胞分裂、分化和增大的结果。经济林木解除休眠是从根颈开始，逐渐上移，但细胞的分裂活动却首先在生长点开始，它所产生的生长素刺激了形成层细胞分裂，所以加粗生长略晚于加长生长。初始加粗生长依赖上年的贮藏养分，当叶面积达到最大面积的70%左右时，养分即可外运供加粗生长。所以，枝条上叶片的健壮程度和大小对加粗生长影响很大。多年生枝的加粗生长则取决于该枝上的长梢数量和健壮程度。随着新梢的延长，增粗生长也达到高峰，此时，延长生长停止，增粗生长也逐渐减弱。苹果、梨等经济林木的增粗生长的停滞期比加长生长晚半个月左右。

多年生枝只有加粗生长而无加长生长。枝龄越小，加粗的绝对值越小，相对值越大。矮化砧嫁接的经济林木增粗较慢，其原因是矮化砧上嫁接的苹果枝条导管数量和面积较小造成的。

（三）顶端优势与层性

顶端优势是活跃的顶部分生组织、生长点或枝条对下部的腋芽或侧枝生长的抑制现象。通常木本经济林木都有较强的顶端优势，表现为枝条上部的芽萌发后都能形成新梢，越向下生长势越弱，最下部芽处于休眠状态。在经济林木上还必须考虑枝条和芽的着生方位对顶端优势的影响，直立生长芽或枝条，生长势旺，枝条长，接近水平或下垂的芽或枝条，则生长短而弱，这种现象在经济林栽培上被称为垂直优势，根据这个特点可以通过改变枝芽生长方向来调节枝条的生长势。

树冠层性是顶端优势和芽的异质性共同作用的结果。中心干上部的芽萌发为强壮的枝条，越向下生长势越弱，基部的芽多不萌发，随着年龄的增长，强枝越强，弱枝越弱，形成了树冠中的大枝呈层状结构，这就是层性。不同树种或品种层性差异较大，核桃层性明显，梨和苹果次之，柑橘、桃层性不明显，苹果中乔纳金品种层性不明显，富士较明显。

（四）枝的生长势和分枝角度

枝的生长势用生长速率来表示，直立或先端的枝条生长势强，下部、侧生的生长势弱。遗传性是决定生长势的主要因素，环境条件（温度、营养液和生长调节剂等）以及新梢姿势、着生位置、叶功能和砧木对生长势影响也很大。

分枝角度指枝条与母枝的夹角，分枝角度越大，生长势越弱，越有利于结果。已经证明，分枝角度较大的桃树枝条细胞分裂素含量较多，生长素较少。短枝比率高、节间短、分枝角度大和生长势弱是所谓“紧凑型”品种的特点。

四、叶片

叶片的主要功能是进行光合作用，叶和枝共同构成经济林木的树冠。经济林木任何一个部分的生长发育都需要叶片光合作用合成营养。所以，叶片对经济林木的生长结果极为重要。此外，叶片还可以进行呼吸作用和蒸腾作用，叶片上的气孔可以作为吸收水分和养分的通道。

（一）叶的发育

从叶原基出现开始，经过叶片、叶柄或托叶的分化，直到展叶，叶片停止增大为止。萌芽后叶片迅速增大，同时叶柄伸长。仁果类叶片需20~30天。研究经济林木群体叶片生长发育规律更为重要。有趣的是经济林木叶面积和光合速率在年周期中的变化规律与单叶变化相似。春季逐渐增大，生长季节达到高峰，夏末至秋季逐渐下降。生命周期中，在盛果期之前单株叶面积总是不断增加，结果后期逐渐下降。

(二)叶面积指数与叶幕的形成

叶面积指数是指单位面积上所有经济林木叶面积总和与土地面积的比值。单株叶面积与树冠投影面积的比值，称为投影叶面积指数。多数经济林木的叶面积指数4~5较合适，指数太高，叶片过多相互遮阴，功能叶比率降低，果实品质下降；指数太低，光合产物合成量减少，产量降低。果实不但要求合理的叶片数量，也要求叶片在树冠中分布合理。一般接受直射光的树冠外围叶片具有较高的光合效率，所以也可用叶片曝光率表示叶片在树冠中分布状况。

经济林木叶幕是指同一层骨干枝上全部叶片构成的具有一定形状和体积的集合体。不同的密度、整形方式和树龄，叶幕的形状和体积不同。通过整形修剪调控叶幕微气候对经济林丰产非常重要。

五、花芽分化及调控途径

(一)研究花芽分化的意义

经济林木实生苗进入性成熟阶段前，不能诱导开花，此阶段称为童期或幼年期。通过童期后进入稳定而持续成花能力阶段称为成年期，也称花熟期。

无性繁殖的经济林木已具有开花潜势，经济林木芽的生长点经过生理和形态的变化，最终构成各种花器官原基的过程，叫花芽分化。对于无性繁殖的经济林木要求尽早完成从营养生长向生殖生长的转化，每年稳定地形成数量适当、质量好的花芽才能保证早果、高产、稳产和优质。

(二)花芽分化过程

经济林木的生长点内开始区分出花(或花序)原基时叫花的开始分化或花的发端。随之，花器各部分原基陆续分化和生长，叫花的发育。从花原基最初形成至各花器官形成完成叫形态分化。在此之前，生长点内进行着由营养生长向生殖状态的一系列的生理、生化转变叫生理分化，因此，经济林木的花芽分化可为三个阶段：第一阶段为生理分化期，第二阶段为形态分化期，第三阶段为性细胞形成期。

生理分化期是花芽分化的临界期，芽体的敏感性最强，芽体处于可塑状态，极易改变代谢方向，是花芽分化的关键时期。

花芽的形态分化是在花芽生理分化的基础上，芽体生长点细胞的组织形态逐步分化出花的各部分原始体的过程。这个过程的持续时间因树种而异，柿需 8~9 个月，枣则只需 5~8 天。

性细胞形成期是在花芽形态分化基础上进行的，主要是雄蕊花粉的形成和雌蕊胚囊的形成，一般在春季萌芽前后，这个过程较快，在开花前完成。

(三)花芽分化的部位和时期

经济林木花芽分化的部位因树种、品种和树龄而异。大多数经济林木是由新梢顶芽或腋芽的生长点分生组织细胞，在适当条件下分化而成。顶花芽要求新梢停长、营养积累到一定水平后才能分化，而腋花芽则不必新梢停长即分化。在常见经济林木中，油茶纯花芽均为腋生；柿、板栗的混合花芽在靠近梢顶的几个节位；核桃的雌花芽在枝顶端 1~3 节；葡萄混合芽全部腋生；仁果类经济林木，如苹果、梨、海棠等主要是顶花芽，少数容易成花的品种可以形成腋花芽，但以顶花芽结果最好；榛子则主要是一年生枝条的侧花芽结果。

大部分经济林木花芽分化时期相对集中、稳定，多数树种是在新梢停长后为花芽分化高峰，但有的树种如葡萄、枣一年多次发枝、多次成花。因此，我们在栽培时，既要在花芽分化相对集中稳定时期为花芽分化创造良好的环境条件，以利花芽分化；又可利用花芽分化的长期性，控制或促进花芽分化，使经济林木多次结果。

(四)影响花芽分化的因素

花芽分化是极其复杂的生理过程，虽然对成花的机理目前不太清楚，但许多因素影响着成花。

1. 影响花芽分化的内部因素

从内在条件来看，花芽分化过程受遗传因子、营养物质和激素水平的影响。遗传因子决定了各个树种、品种成花的难易与早晚，营养物质为成花提供结构物质和能量物质，抑花和促花激素的平衡协调着生长与成花的平衡。从经济林木的营养生长方面来看，绝大多数经济林木是在新梢停长或缓慢生长时开始花芽分化的。枝条生长的减缓或停长，使营养物质的消耗减少，光合产物的积累增多，为花芽分化提供物质基础；成龄叶和老叶数目增加，相对提高了促花激素细胞分裂素、脱落酸和乙烯的含量，降低了抑花激素生长素和赤霉素的含量。此外，根系生长高峰往往在新梢缓长或停长时期，这样根系对无机营养的吸收增强，对氨基酸、蛋白质和促花激素细胞分裂素的合成增强，这都有利于花芽形成。

从经济林木开花结果方面看，开花结果要消耗营养，尤其是果实迅速发育时期，也是根系旺长时期和花芽分化相对集中时期，相互对养分的争夺比较剧烈，影响花芽营养供给；此外，挂果过多，种子形成的赤霉素含量过多，也抑制花芽形成。所以，在进行无土栽培时，要确定合理的留果量，并在花芽分化临界期，补充肥料，尤其要补充有利于营养积累的肥料，如磷、钾肥，以缓和营养供需矛盾，有利于花芽分化。

2. 影响花芽分化的环境因素

(1)光照。光是花芽形成的必需条件，在多数经济林木上都已证明遮光会导致花芽分化率降低。光的质量对花芽形成也有影响，紫外线促进花芽分化。

(2)温度。温度对经济林木新陈代谢产生影响，如光合、呼吸、吸收和激素变化等，进而影响花芽分化。所有经济树种的花芽分化都要求有一定的温度条件，过高或过低都不利于花芽分化。

(3)水分。经济林木花芽分化期适度的水分胁迫可以促进花芽分化。适当干旱使营养生长受抑制，碳水化合物易于积累，精氨酸增多，生长素、赤霉素含量下降，脱落酸和细胞分裂素相对增多，有利于花芽分化。但过度干旱也不利于花芽的分化与发育。

(4)土壤养分。土壤养分的多少和各种矿质元素的比例可影响花芽分化。缺氮会导致花芽少，如杏树缺氮影响花芽发育，畸形花比率增加。苹果在雄蕊或雌蕊分化期施氮可提高胚珠的生活力，增施钾肥可增大葡萄的花序。柑橘缺氮花芽分化率下降，当叶片中磷含量小于0.1%完全不能形成花芽。如氮素供应充分，随着磷供应增加，花芽形成率也增加。

六、开花与授粉受精

(一)开花

一个正常的花芽当花粉粒和胚囊发育成熟后，花萼与花冠(花瓣)展开的现象称为开花。花的开放是一种不均衡运动，多种经济林木的花瓣基部有一条生长带，当它的内侧伸长速率大于外侧时，花就开放。温度与光照是影响花器开放的关键环境因子。晴朗和高温时，开花早，开放整齐，花期也短；阴雨低温，开花迟，花期长，花朵开放参差不齐。年周期中花朵开放要求一定的积温。同一树种或品种的开花期受当年气候影响很大，所以不同地点、不同年份的开花日期差异较大，但所要求的温度值基本相同。

经济林木花期是生产上的重要物候之一，准确地预报花期对许多经济林木至关重要，目前应用相关分析研究花期预报已获得进展。在同一年内不同品种的花期也不一致，这种特性在生产中有重要意义，如开花晚的杏品种可以避免晚霜危害；在油茶北缘产区，开花早的油茶品种可以避免秋冬的冻害，从而提高坐果率。

(二)授粉与受精

花粉从花药传到柱头上称为授粉。精核与卵核的融合称为受精。同一品种(或无性系)授粉属于自花授粉，自花授粉后能结果的称为自花结实，油桐、葡萄、桃、枣和杏的某些品种均能自花结实。许多经济林木种类和品种表现自花不实，需要配置授粉树，才能正常结果。

(三)单性结实

不经授粉或虽经授粉而未完成受精过程而形成果实的现象叫作单性结实。前者子房发育不受外来刺激，完全是自身生理活动造成的称为自发性单性结实。许多经济林木如柿、香蕉、温州蜜柑、无花果等品种，都有自发性单性结实的能力。经过授粉但未完成受精过程而形成果实，或受精后胚珠在发育过程中败育，称为刺激性单性结实。某些葡萄品种可经花粉或激素刺激产生单性结实。单性结实果实无种子，对于水果食用方便，但对某些以种仁为收获目标的经济林则要避免单性结实现象的发生，如灰尘刺激阿月浑子单性结实导致空壳果，导致产量下降。

有些树种或品种胚囊里的卵子不经受精作用，助细胞、反足细胞乃至珠心和珠被都可直接发育成胚，产生正常的、有繁殖能力的种子，这种现象叫作无融合生殖，如油桐的种子就是无融合生殖产生的。无融合生殖因不发生两性染色体的结合，因而在遗传上相对说来是个纯合体，能最大限度地保持其单源亲系的基本性状。所以，无融合生殖的实生后代，也和无性繁殖系一样，其遗传性状是比较稳定的，这种特性在无性系砧木和无毒苗的生产都具有重要意义。但是在大多数经济林木的主要经济栽培品种中，具有无融合生殖能力的品种很少。

(四)影响授粉受精的因素

正常的授粉受精过程，除要求发育正常的雌雄配子相互亲和外，还要求有在授粉受精过程中有正常的环境条件。

花粉的萌发具有集体效应，一般越密集，萌发力越强，花粉管伸长也快，所以配置授粉树要有一定数量。适宜浓度的硼类化合物也有利于花粉萌发，硼对花粉萌发的有利作用在多种经济林木上获得证明。

凡是直接或间接影响树体贮藏营养和氮素营养的因素都不利于授粉受精。对衰弱的树，花期喷施尿素可提高坐果率，可能是弥补了氮素营养不足，延长了花的寿命。上年秋季施用氮肥也会提高光合作用，增加碳水化合物的积累，可提高坐果率。如果碳水化合物的贮藏量少，又不能由外部施用弥补，将降低坐果率。

温度可影响花粉发芽和花粉管生长，不同树种和品种要求最适温度不同。温度也影响花粉管通过花柱到达子房的时间，如花期遇到过低温度，还会使胚囊和花粉受到伤害。此外，低温时间长，开花慢而叶生长快，叶首先消耗了贮藏营养，不利胚囊的发育和受精。

低温影响授粉昆虫的活动，一般蜜蜂活动要求15℃以上的温度。花期大风(17m/s以上)，不利昆虫活动，干风或浮尘使柱头干燥，不利花粉发芽。阴雨潮湿不利传粉，花粉很快失去生活力。空气污染也可影响花粉发芽和花粉管生长。

多数经济林木坐果需要胚和胚乳的正常发育，由于某种原因使胚或胚乳发育受阻，果实常发育不全，呈畸形，易脱落。由于多倍体的染色体行为不正常，即使已受精的结合子也不能正常发育。

缺乏胚发育所必须的营养物质，如碳水化合物、氮素以及水分，常是胚停止发育、引起落果的主要原因。这种缺乏的起因可能是因树体虚弱贮藏营养不够，也可能是因器官间的竞争(如花和幼果量过多)或重修剪、水分和氮肥过多，导致枝叶旺长，与幼果竞争养分。水分不足、干旱也能引起果实脱落。氮和磷亏缺也可使胚停止发育。因此，凡增加贮藏营养，或调节养分分配，抑制枝叶徒长，疏除过多的花果措施，都可提高坐果率。

低温使花粉管的生长、受精、胚和胚乳的发育延迟，乃至胚珠退化。即使完全充分受精，也不能坐果。光照不足会造成多种经济林木的落果，授粉期过多的降雨，促进新梢旺长对胚的发育不利。

七、坐果与果实发育

(一)坐果

花朵经授粉受精后，子房膨大发育成果实，在生产上称为坐果。经济树木正常坐果要顺利通过下列三个阶段：花粉或胚囊的正常发育，授粉受精良好，胚及胚乳发育正常。任何一个阶段管理不当都会造成落花落果。

减少落花落果的措施主要是通过改善外界条件提高树体营养水平、增加激素含量、保证授粉精、提早疏花疏果等途径加以解决。

(二)果实生长发育

经济林木中的果实主要指被子植物子房及其包被物发育而成的多汁或肉质可食部分。

从花谢后至果实达到生理成熟时止，需要经过细胞分裂、组织分化、种胚发育、细胞膨大和细胞内营养物质的积累转化等过程，这个过程称为“果实的生长发育”。果实生长型是以果实体积，纵、横直径或鲜重的增长曲线表示。一般有两种类型：单S型和双S型。

单S型(如油茶)果实发育分为三个时期：缓慢生长期，快速指数增长期，生长率减慢期。

双S型(如桃)果实发育分为三个时期：快速生长期，缓慢生长期，第二次快速增长期。

(三)影响果实生长发育的因素

1. 营养

从理论上讲，凡是有利于果实细胞加速分裂和膨大的因子都有利于果实的生长发育。果实细胞分裂主要依赖蛋白质的供应。经济林木果实细胞分裂期的营养主要依赖上年的贮藏养分，如果先一年贮备不足，就会影响单果细胞数，最终影响单果重量。这一时期需要氮肥较多，也称为蛋白质营养期。

果实发育的中后期，以细胞体积增大为主，碳水化合物对绝对量直线上升，此时也称碳水化合物营养，此时凡是影响光合作用的因素均影响果实生长。此期叶片大量形成，果实的重量主要在该时期完成，叶果比起着重要作用。

2. 水分

果实80%~90%为水分，水分又是一切生理活动的基础。果实生长自然离不开水分，干旱影响果实增长比其他器官要大得多。果实水分在树体水分代谢中还具有水库作用，过分干旱，果实中的水分可倒流至其他库器官，水分多时果实可进行一定程度的贮藏，这种现象在果实发育的后期更为明显。

3. 温度

每种果实的成熟都需要一定的积温，过低或过高的温度都能促进果实呼吸强度上升，影响果实生长。由于果实生长主要在夜间进行，所以夜温对果实生长影响更大。

4. 光照

光照对果实生长的影响是不言而喻的，遮阴影响果实的大小和品质。光照对果实的影响是间接的，套袋果实同样可以正常肥大就是证明。光照影响叶片的光合效率，使光合产物供应降低，果实生长发育受阻。

八、果实的品质形成

果实的品质由外观品质(果形、大小、整齐度和色泽等)和内在品质(风味、质地、香气和营养)构成。市场经济的发展要求果实具有性状、性能和嗜好三种品质。性状指果实的外观，如大小、果形、整齐度、光洁度、色泽、硬度、汁液等。性能指与食用目的有关的特性，如风味、糖酸比、香气、营养和食疗等。嗜好指特别喜爱某类果品，如有些人喜欢偏绵的苹果，有些人喜欢脆苹果。

(一)果实成熟

1. 可采成熟度

这时果实大小已长成，但还未完全成熟，应有的风味和香气还没有充分表现出来，适于贮运、罐藏等加工。

2. 食用成熟度

果实已成熟，表现出该品种应有的色香味，在化学成分和营养价值上也达到最高点，风味最好。这一成熟度，适于供当地销售，不宜于长途运输或长期贮藏。

3. 生理成熟度

果实在生理上已达到充分成熟的阶段，种子充分成熟。以种子供食用的板栗、核桃、油茶等，宜在此时采收。

(二)果实的色泽发育

果实的色泽因种类、品种而异，是由遗传性决定的。色泽的浓淡和分布则受环境影响较大。决定果实色泽的主要物质有叶绿素、胡萝卜素、花青素和黄酮素等。

(三)果实的内在品质

果实的内在品质包括的项目很多，主要有硬度、风味和营养成分。风味是许多物质含量的综合影响，其中最重要的是糖酸比、纤维素、淀粉和其他营养成分。香气对品质也有一定影响，各种物质综合形成了每种果实的独特风味，这种风味只有在果实成熟时才充分发挥出来。

第四节　经济林木的生长发育与环境

经济林木器官的生长发育、经济林木年周期和生命周期的正常通过，都是在一定的生态环境下的，经济林木优质丰产是同适宜的生态环境密不可分的。

一、温度

温度是重要的生存因子之一。各种经济林木在其长期演化的过程中，形成了各自的遗传特性、生理代谢类型和对温度的适应范围，因而形成了以温度为主导因子的经济林木自然分布地带。

限制经济林木生长发育的温度诸多因子中，主要是年平均温度、生长期积温、冬季最低温和夏季高温。

(一) 年平均温度

各种经济林木适宜栽培年平均温度都有各自的适应范围。油茶喜温暖，要求年平均温度在 14~21℃，榛子年平均温度为 7. 8℃。北方品种群桃要求年平均温度 8~14℃，南方品种群桃要求 12~17℃，北方柿年平均温度要求 9~15℃，南方柿要求 16~20℃。

(二) 生长期积温

根据生物学意义不同，积温的计算方法可分为活动积温和有效积温两种，以应用前者较为普遍。活动积温是经济林木生长期或某个发育期活动温度之和。

在综合外界条件下能使经济林木萌芽的日平均温度称为生物学零度，即生物学有效温度的起点。不同经济林木的生物学零度是不同的，落叶经济林木为 6~10℃，常绿经济林木为 12~15℃。在一年中能保证经济林木生物学有效温度的持续时期为生长期(或生长季)，生长期中生物学有效温度的累积值为生物学有效积温，简称有效积温或积温。

经济林木在一定温度下开始生长发育，为完成全生长期或某一生育期生长发育过程，要求一定的积温。如果生长期内温度低，则生长期延长；如温度高则生长期缩短。在某些地区，由于生长期的有效积温不足，则果实不能正常成熟，即使年平均温度适宜，冬季能安全越冬，该地区也失去该种经济林木的栽培价值。

一般落叶经济林木的生物学有效温度的起点多在平均温度3~10℃，生长季的有效积温在2500~3000℃。不同树种的有效积温相差很大，这与经济林木原产地温度条件有关，如原产北方经济林木发根、萌芽要求较低的温度，南方经济林木生长期中要求较高的温度。

不同品种对温度的要求也有差别，一般早熟品种要求积温稍低，中熟品种要求积温较高，晚熟品种要求积温更高。同一品种不同地区也有差异，一般大陆性气候地区，春季温度升高快，各物候期通过较快，时间缩短。海洋性气候地区，温度上升慢，物候期时间延长。夏季温度高，昼夜温差大，可缩短积温天数，反之则延长积温天数。

(三)冬季最低温

经济林木多年在露地越冬。一种经济林木能否抵抗某地区冬季最低温的寒冷或冻害，是决定该经济林木能否在该地区生存或进行商品栽培的重要条件。因此，冬季的绝对低温是决定某种经济林木分布北限的重要条件。越过这个界限，将发生低温伤害；如低温伤害发生严重而频繁，则可能丧失经济林木的栽培价值。不同树种和品种，具有不同的抗寒力。榛子在冬季最低气温-30℃下可以正常越冬，而油茶在-10℃无法越冬。

值得注意的是，虽然极端低温会对经济林木造成伤害，但落叶经济林木有自然休眠的特性。12月至第二年2月间进入自然休眠期后，需要一定低温(0~7.2℃)才能正常通过休眠期，如果冬季温暖，平均温度过高，不能满足通过休眠期所需的低温，常导致芽发育不良，春季发芽、开花延迟且不整齐，花期拉长，落花落蕾严重，甚至花芽大量枯落而减产。

(四)夏季高温

生长期中经济林木不同树种对高温抵抗力也有一定限度，超过这一限度经济林木就会发生高温伤害。当气温高达30~35℃时，一般落叶经济林木的生理进程受到抑制，高温破坏经济林木的光合和呼吸作用的平衡关系，气孔失控，促进蒸腾，树体失水，处于饥饿状态。树皮、叶片、果皮在强光下暴晒，表面温度增高，有时叶表温度可比气温高5℃左右，树皮比气温高达10℃左右，造成枝干和果实发生日灼。果实成熟期推迟、体积小、色差、无香味、降低贮藏力。核桃在37.7℃时，核仁即皱缩变色。

二、光

光是经济林木光合作用中最重要的因子，也是决定经济林木生长和器官形成、分化的重要因子，并且影响蒸腾、呼吸和新梢、叶片的生长方向和生长强度。

(一)光质与经济林木关系

影响经济林木生育的光有两种，即直射光和漫射光。直射光的强度大，在一定范围内，直射光的强弱与经济林木的光合作用正相关，如超过光饱和点，则光的效能可能有所下降。

漫射光强度较低，易被经济林木完全吸收利用。如果大气中有云、雾及水汽，则直射光量减少，漫射光量增加，有利经济林木的吸收利用。

(二)光量与经济林木关系

各种经济林木对光量的要求不同，一般原产我国北部高纬度地区的落叶经济林木较原产南方多雨地带的常绿经济林木需光量高。落叶经济林木中以枣、桃、扁桃、阿月浑子对光量要求较高，核桃、油茶要求稍低，猕猴桃很耐阴。

(三)光强与经济林木关系

经济林木开花结实要求一定的光照强度，一般随着光照强度的增加，经济林木光合作用强度也增加。光照强度直接影响经济林木的光合强度，间接影响到经济林木的枝、叶、根系的生长、开花、果实发育、花芽分化以及抗旱、抗寒能力。

三、水分和通气

经济林木树体水分含量占50%左右，水参与体内各种生理活动的进行，各种物质的合成和转化，维持细胞的膨压，调节树体温度，提高产量，而且矿质元素溶于水中才能被经济林木根系吸收。而营养液的供应直接影响无土栽培系统的通气状况。

(一)经济林木对干旱的适应能力

经济林木对干旱有多种适应的方式，主要有两种：一种是本身需水较少，具有明显的旱生形态性状(如叶片小、全缘、角质层厚)，如石榴、扁桃、无花果、阿月浑子等；另一种具有强大的根系，能吸收较多的水分供应地上部，如葡萄、杏、枣等。经济林木按其抗旱力大体可分为三类：

抗旱力强的经济林木有文冠果、元宝枫、板栗、杏、桃、扁桃、枣、核桃、石榴。

抗旱力中等的经济林木有油茶、苹果、梨、李、樱桃、柿、梅、柑橘。

抗旱力弱的经济林木有蓝莓。

(二)经济林木对水涝的适应能力

土壤中的氧气含量直接关系到经济林木栽培的成败。土壤水分过多，由于氧气缺乏，抑制根系呼吸作用，叶片变色、萎缩，根系腐烂，树皮发黑，最后全树落叶死亡。

各种经济林木对缺氧的反应不同，落叶经济林木中以枣、葡萄、杜梨砧的中国梨、柿、山楂最耐缺氧，桃、樱桃、文冠果、元宝枫等则不耐缺氧。

经济林木生长期虽然需水很多，但在各个物候期对水分的需要不同。通常落叶经济林木在春季萌芽前，树体需要一定水分才能萌芽，此期缺水常延迟萌芽期或萌芽不整齐，影响新梢生长。花期缺水或水分过多，常引起落花落果，降低坐果率。空气湿度不足，缩短花期，影响授粉受精。新梢快速生长期需水量较大，为需水临界期，对缺水反应最敏感，水分不足，减弱生长或早期停止生长。花芽分化期需水相对较少，如水分过多则影响花芽分化。果实发育期需要一定水分，但过多会引起裂果、落果、病害发生并影响产量和品质。尽管冬季休眠期需水量较少，但仍有相当蒸腾量。

四、土壤

(一)土壤质地

经济林木对土壤适应范围较广，但最适宜的土壤是土质疏松、孔隙度大、容重较小、土层较厚的砂壤土或轻壤土。这种土壤通气、排水、保水、保肥性良好，经济林木根系发达，有利地上部生长发育。黏重土壤通气性较差，排水不良，影响经济林木根系生长，同样也导致地上部的生育不良。

山地下层为半风化母岩或纵生岩，根系可以伸入缝隙，虽然根系下伸数量较少，但对经济林木的抗旱力有一定的作用。如下层为横生岩板，则会抑制根系生长，必须加以破坏才能保证经济林木正常生长。沙地如下层有黏土、白干土的间隔层，均会抑制根系生长，容易积水，造成根系腐烂，需要深翻破碎间隔层，经济林木根系才能向下深展。

山麓冲积地、海边及河道的沙滩地，表土下有砾石或砾沙层，也会对经济林木根系生长造成不利影响，需要清除。如果土层较厚，砾石、砾沙层在1.5m以下，对经济林木生长结果有良好作用，也有利通气、排水、排涝。

（二）土壤温度

土壤温度不仅直接影响根系的活动，同时也影响各种盐类的溶解速度和土壤微生物的活动，以及有机质分解和养分的转化。土壤温度的变化及稳定的性能，依土质而异，一般沙土升温快，温度高，散热快。黏土增温、散热都比较慢，所以较稳定。同一类土壤湿土比干土的温度日差较小，表土温度日差较大，而深度35～100cm的土层中日较差消失，呈恒温状态。

（三）土壤水分

一般土壤水分保持田间持水量的60%～80%时，经济林木根系可正常生长、吸收和运转，过高过低均有不良影响。土壤干旱时，土壤溶液浓度升高，影响根系吸收，甚至发生树体水分外渗。土壤水分过多，使土壤内空气减少，造成氧气不足，产生硫化氢等有毒气体，抑制经济林木根的呼吸，以致停止生长。所以，经济林种植园地下水位不宜过高，至少在1m以下。

（四）土壤通气

一般土壤含氧量不低于15%时正常生长，不低于12%时能发生新根，土壤中氧含量下降到2%时就会影响根系生长。如果土壤空气中的二氧化碳的含量增加到37%～55%时，根系就停止生长。通气不良使土壤中形成有毒物质，使根系中毒死亡。桃对缺氧最敏感，土壤缺氧根系死亡，其次为苹果和梨，柑橘反应不敏感。

（五）土壤酸碱度

一般苹果要求中性或微酸、微碱性土壤。桃要求中性或微酸性土壤。柿适应微酸性土壤，但嫁接在君迁子上能适应微碱性土壤。葡萄、枣较耐碱性土壤。以杜梨为砧木的梨也较耐碱性土壤，砂梨砧的梨较耐酸性土壤，油茶、板栗、蓝莓适应酸性土壤。碱性土壤影响经济林木根系对铁的吸收利用，易造成经济林木缺铁失绿病（黄化病）。中性、微碱性土壤有利经济林木根系对氨态氮的吸收，而酸性土壤有利经济林木对硝态氮的吸收。

五、地势

（一）海拔

经济林木适宜在山地、丘陵和缓坡地发展，这些地区光照充足，空气流通，排水良好，病虫害少，温差较大，果实品质好，耐贮藏，经济林木的寿命也较长。

随海拔的增高，直射光多于漫射光，由于山地空气新鲜，水汽、尘埃、二氧化碳较少，紫外光增加，经济林木蒸腾量也加大。山地空气不仅有水平流动，还有垂直流动，因此形成了山风和谷风。由于地面的吸热和散热，影响冷热空气的昼夜交流，除了昼夜温差增大外，谷地和低洼地因冷空气下降，易发生霜冻。

气温一般随海拔的升高逐渐降低，每升高 100m，气温下降 0.4～0.6℃，海拔越高，气温越低。雨量的分布随海拔的升高而增加。经济林木的物候期随海拔的升高而后延，生长结束时期随海拔升高而提前。

(二)坡度

经济林木一般以 5°～15°的坡度较好，尤以 5°的缓坡最好。耐旱、深根、生长势强的树种(如核桃、板栗、仁用杏、油茶)，可以在坡度较大(15°～30°)的山坡上栽植。不同坡度对光照、水分有很大影响，如 10°南坡太阳辐射量可为平地的 116%，20°坡为 130%，30°坡为 150%，随坡度增大而增加。而土壤含水量 3°坡为 75.22%，5°坡为 52.38%，20°坡为 34.78%，随坡度增大而下降。土壤冻结深度由于坡下低洼地冷空气的沉积，坡顶风大而寒冷，坡腰形成逆温层较为温暖，造成 5°坡冻结层可达 20cm，而 15°坡仅为 5cm 的现象。所以，山地建园选用一定坡度的适温地段可减免冻害。

(三)坡向

南坡日照较长，在 20°～22°的坡面所获得的漫射光多于平地，北坡则少于平地，所以南坡近地面 20cm 处的气温，平均值高于北坡 0.4℃，80cm 深度的土温可比北坡高 4～5℃，气温的变化相差可达 2.5℃左右。因此，南坡生长的经济林木物候期早，生长期长，进入休眠期较晚，开始结果较早，果实含糖量高，着色好，品质好，耐贮藏。但温度变化较大，蒸发量也大，所以易受霜冻、日烧和旱害。北坡由于温度低，往往影响经济林木枝条成熟，不能及时木质化，降低越冬性而易受冻害或早春“抽条”。如果低山缓坡，坡度较小，则北坡蒸发少、温差小，土质较肥，土层较厚反而有利经济林木的生长和结果。东坡和西坡对经济林木生育的影响介于南北坡之间，但东坡温度上午高、下午低，西坡则相反。东坡土壤湿度高于西坡，因此西坡、西南坡日烧较其他坡向严重，需加注意。

六、风

微风、和风可以促进气体交换，促进二氧化碳流动，有利经济林木的光合作用。风能增强经济林木的蒸腾，当风速为 3m/s 时，可比无风时增强 3 倍。适量蒸腾可促进根系的吸收。微风还可增强风媒花经济林木(如核桃、板栗、榛子、阿月浑子)的传粉。

风速过大可使空气相对湿度降低到 25%以下，蒸腾过量，土壤干旱，影响根系吸收、生长。花期遇 6~7m/s 大风，影响昆虫传粉，使柱头吹干，擦伤花器，影响授粉受精和坐果。果实发育后期遇大风，会擦伤或刮落果实，影响产量。

七、污染

1. 空气污染

工厂燃料排出的废气含有二氧化硫、一氧化碳、臭氧、硫化氢、氟化氢、氯气、铅烟、粉尘烟毒，使空气中增加有毒气体的成分。污染的空气能导致经济林木枯萎、落叶、品质变劣、减产、助长病虫发生。

2. 土壤污染

工厂废水、大气污染的金属粉尘和使用的农药均能造成果园土壤污染。农药进入经济林木树体，最后到果实、种子中，积累的残毒对人体有害。农药中有机氯类残留在土壤中的时间很长，可存留 10~11 年，克菌丹、代森锌可存留 2~3 个月，所以在大气、土壤污染严重地区不宜建立经济林基地，使用农药、除草剂时要避免污染土壤。

第四章

经济林良种生产

良种壮苗是实现经济林早实、丰产、优质、高效的物质基础和先决条件；良种品质及苗木质量对造林成活率、林分质量、投产年限、经济寿命、产品产量及质量、适应性及抗逆性等都有重要影响，直接关系到经济林的建园成败、生产成本和经济效益；高效培育品种优良纯正、生长健壮、根系发达、无检疫对象的良种壮苗，是经济林良种生产的根本任务。经济林良种必须是经过严格选育和生产实践证明了的优良种质，包括优良品种、优良家系、优良无性系和优良种源等，要求经过国家或省级品种审定(认定)登记，才能商业化生产和推广应用。

我国对林木良种生产工作十分重视。2000 年 12 月 1 日发布实施了《中华人民共和国种子法》，在品种审定、新品种保护、种苗生产与经营许可等方面，建立了相应的管理办法和保障制度；在良种来源、育苗资质、育苗技术、苗木质量及出圃管理等环节，均有相应的技术规程和质量标准，对重要树种种苗生产建立了严格的质量监管体系。例如，我国林业部门对油茶种苗生产实行"四定三清楚"，即"定点采穗、定点育苗、定单生产、定向供应、品系清楚、种源清楚、销售去向清楚"，经济林苗木生产逐渐规范化和标准化，加快了经济林良种化进程和产业发展。

第一节　经济林种质资源收集与评价

一、经济林种质资源调查

种质是指生物体亲代传递给子代的遗传物质，它往往存在于特定品种之中。经济林种质资源是选育经济林新品种的基础材料，如古老的地方品种、新培育的推广品种、野生近缘植物等都属于种质资源的范围。1958 年国务院发布《关于利用和收集我国野生植物原料的指示》以后，全国各地林业机构和高等大专院校等陆续进行经济林物种资源、品种类型的调查研究，农家品种、地方品种的发掘和鉴定，在此基础上，制定出各树种品种类型划分依据、优良单株、优良无性系、优良家系选择方法与标准。

通过调查研究，初步了解我国经济林种类、分布、资源状况，基本掌握了我国具有一定栽培面积和产量的主要经济林物种的起源，栽培中心，栽培历史和主要品种的形态特征，生物学特性，栽培特点，生产经营现状及其适生环境条件，并提出各物种、品种类型的适宜栽培区域，发掘出许多优良农家品种，选择出大量优良单株并进而筛选、评比、鉴定出一大批优良家系和优育无性系。通过品种分类，理顺了我国主要经济林树种因品种分类依据不同易造成的同名异种、同种异名混乱局面，建立了部分树种品种和品种类群检索表，这些无疑对我国经济林事业起到了积极作用。

(一)种质资源分类

种质资源按来源可分为四大类，分别为本地种质资源、外地种质资源、野生种质资源和人工创造种质资源。本地种质资源指在当地的自然和栽培条件下，经长期的栽培与选育得到的地方品种和当前推广的改良品种。外地种质资源指由国内不同气候区域或由国外引进的植物品种和类型。野生种质资源指自然野生的、未经人们栽培的自然界野生的植物，包括栽培植物的近缘野生种和有潜在利用价值的植物野生种。人工创造的种质资源包括人工诱变或自然突变而产生的突变体、杂交创造的新类型、育种过程中的中间材料、基因工程创造的新种质等。

(二)种质资源调查

种质资源调查主要包括品种资源调查和野生资源调查。品种资源调查主要是对现有品种资源进行复核，观察其有没有引进新品种及其表现。野生资源调查则是对调查区内相关经济林树种的分布、种类及资源状况进行调查。

资源调查的主要内容包括以下五个方面：

(1)地区情况调查。主要对调查地区的社会经济和自然条件做好相关信息调查。

(2)资源概况调查。从各种质资源的栽培历史分布、种类、品种、繁殖方法、栽培管理特点及产供销等方面进行调查。

(3)种类、品种代表植株的调查。对该方面的调查，首先涉及其一般概况，包括品种来源、栽培历史、分布特点、栽培比重等。其次是生物学特性方面的调查，尤其是各种质资源的生长习性、开花结果习性、物候期、抗病性、抗寒性和抗旱性等。当然，也包括其形态特征和经济性状的调查，如植株、枝条、叶片，以及产量、品质、用途和贮运性等。

(4)图表标本的采集和制作。包括调查表、标本和数码照片记录等。

(5)调查资料的整理与总结。

二、经济林种质资源收集和保存

(一)种质资源收集原则和方法

种质资源收集的原则包括要有明确的目的和要求、注重多途径收集、严格筛选种质质量、由近及远、工作要细致无误。

种质资源在收集时，收集的种质材料必须首先要了解其来源，自然条件、栽培特点、适应性、抗逆性以及经济特性。其次要做好收集种质的编号和各项记载，并作为档案资料长期保存。最后应注意的是收集的种子和苗木应具有较高的品种纯度，无检疫性病虫害。

(二)种质资源保存原则和方法

种质资源保存的原则，一是要以保护濒危树种不灭绝，并得以适当发展，且种质的遗传基因不丢失，并满足利用；二是要根据不同林木的特性采用相应的保存方法，林木群体以原地保存为主。

种质资源保存方法主要有三种，分别为就地保存、迁地保存和离体保存。

1. 就地保存

就地保存是指将种质资源在原生地进行保存，又称为原地保存。我国经济林种质资源就地保存主要附属于自然保护区、森林公园和风景名胜区。据统计(2019)全国共有各种类型、不同级别的自然保护区 2750 个，总面积为 $147.17\times10^4 km^2$。其中，自然保护区陆域面积为 $142.70\times10^4 km^2$，占陆域国土面积的 14.86%。2750 个自然保护区中，国家级自然保护区有 463 个，总面积约 $97.45\times10^4 km^2$。截至 2019 年 2 月，我国设立国家森林公园已达 897 处，风景名胜区 1051 处，面积 $21.41\times10^4 km^2$。其中，国家级风景名胜区达 244 处。森林公园和风景名胜区保护对象都是自然景观和人文景观，对森林遗传多样性保护起到了积极作用。除此之外，我国林草部门还对散生全国各地的古老珍贵经济林林木挂牌、登记、实行重点保护，根据全国古树名木的调查结果合计数据，查出古树名木数量共计 285.3 万余株。其中，古树的数量占到绝大多数，比例为 99.8%，而名木只占总体数量的0.2%。

2. 迁地保存

迁地保存是指将种质资源迁出原生地栽培保存，也称为异地保存。在早期，我国的经济林作为植物种质资源被收集在各种类型的植物园、树木园的人工栽培植物种质资源圃内加以保存。据报道，中国科学院植物研究所自1958年以来就重视珍稀濒危植物、野生花卉和经济林的迁地保存。到1992年在植物园内栽培近5000种(品种)植物，同时还建立植物种质库，保存植物种子700多种。其他各植物园、树木园也重视野生植物收集、保存，有力防止了种质资源流失。

20世纪80年代开始，我国开始专门经济林种质基因库建设，开展经济林种质资源保存的系统研究和增殖，目前油茶、油桐、核桃、板栗和枣树等已收集保存种质资源总共4500份，在全国范围内建立了国家级种质基因库21个。山茶属在湖南中国科学院亚热带研究所及江西、广西等地建立了国家级基因库以及其他省(区)的省、地级基因库。油桐一共收集保存种质资源1200份，在华东、华中、西北和华南等地建立5个国家级基因库，19处省地级基因库。核桃除在国内广泛调查收集外，还从美国、日本等国引进大量的种质基因。现已在新疆、山东、辽宁、北京、陕西和云南建立了7个基因库，板栗收集保存有7个种，300多个品种、家系、类型。

母树林、种子园、采穗圃等良种繁育基地在大量繁殖、推广良种材料的同时，也是经济林种质资源迁地保存方式，目前已建立的油茶、油桐、核桃、板栗等主要经济林良种基地200公顷，对经济林种质资源保存起着重要作用。此外，经济林种源试验林及一定规模的经济林商品基地也是一种经济林种质资源迁地保存的补充形式。

3. 离体保存

将种质资源的种子、花粉及根、穗条、芽等繁殖材料，离开母体进行贮藏的方法称为离体保存，又称为设施保存。种质资源的离体保存是对离体培养的小植株、器官、组织、细胞或原生质体等材料，采用限制、延缓、停止生长的处理使之保存，在需要时可重新恢复其生长，并再生植株的方法。

离体保存的目的是保持培养物不死亡、不变异、不被污染，在需要时可重新恢复其生长，并可再生植株。目前主要采取降低温度、改变培养基成分、添加生长抑制剂等措施抑制培养物的生长，降低其代谢强度，从而达到延长保存时间的目的。离体保存常用的方法有常温保存、低温保存和超低温保存。

第二节 经济林良种选育技术

一、经济林良种选育途径

经济林林木良种选育途径有三种，分别为选择、引种和育种。

选择是指选择现有树种中的优良树种或树种内的优树、优良类型或突变的枝、干等，或天然杂种，经过繁殖而培育成新品种。如晚熟桃实生变异产生中华寿桃；甜橙芽变选出晚生橙；天然柑橘杂交种形成秭归脐橙等。

经过引种驯化实践证明，能在当地生长发育、开花结实的外来优良树种、变种、优树及杂种、品种等，如欧洲榛子、油橄榄、阿月浑子等。引种驯化可以改变现有树种布局，丰富本地树种资源，扩大本地树种基因，改善群落结构和林木组成，补充生物区系成分，丰富景观内容和生态系统，发挥经济林的多种效能。

引进新树种或品种应满足的条件：经济效益超过当地的品种；产品质量较当地品种要好；能提供当地品种不能提供的珍贵品种；能比当地品种更好地改善当地栽培植物环境；采用合理的经营措施时，能比当地品种更好地在不利的森林植物条件下生存和发育；新品种的某些特殊优良性状，是为育种所需要的基因资源。

引种驯化成功的关键在于原产地和引种地现实生态条件的一致和相似性；被引入品种的历史生态条件和引入地区生态条件也具有一致或相似性；可动摇引入品种的遗传性，使适应引入地区新的生态条件；需要合理的栽培措施，如适地适树、适种源、适品种，反对盲目引种。

杂交育种是目前新种质创制的常用方法，综合杂交亲本双方的优良性状，获得优良基因重组在一起的优良基因型。除不断发掘和利用自然杂种外，在选优、种源试验和后代测定的基础上开展有计划的杂交育种，无疑对促进经济林木遗传品质改良的工作是很有益的。当然，并不是所有杂种或者杂种的所有性状都能表现杂种优势。因此，要想通过杂交手段改良种质，应在了解经济林各种性状遗传变异的基础上，有目的、有计划地选择亲本，并应与其他育种手段相结合，才有可能育出符合生产要求的新品种。

在重点开展选、引、育常规育种的同时，还应积极进行单倍体、多倍体、诱变、分子辅助育种新技术方面的研究，注意多种育种方法的配合使用，利用多层次的加性或非加性的变异，以便多渠道地培育出高产、稳产、优质及抗性强的新品种或类型，推广于生产。

二、经济林良种选育的原则和标准

一般而言，经过良种选育或遗传改良的种苗，其遗传品质都会得到一定程度的改善。经济林树种良种选育应主要从品质、产量、成熟特性、抗性、适应性等多个方面进行选育。

选择良种的标准需要具备以下五个方面：①丰产性，产量性状要好；②稳定性，没有明显的大小年；③优质性，产品品质要优良；④早实性，开花结构比较早；⑤抗逆性，在抵御外部环境、生物干扰性方面要好。

选择良种的原则主要包含以下四个原则：①地域性，具备一定的生态适应性，要选择适应性强、丰产性优良的品系；②时域性，具有一定的时间适应性；③可靠性，具有可靠的遗传基础；④稳定性，其产量和质量都必须具有稳定性。

优良种质材料的扩大繁殖是经济林良种繁育的首要任务，现阶段经济林新良种选育的技术路线为“选、引、育相结合，以选为主”。现阶段经济林新良种选育的技术方法更是高新技术与常规技术并举，以常规技术为主。

第三节 经济林良种及应用

经济林良种通常是指经过人工选育，如选种、引种、育种等措施，选择培育创造的、经济性状及农业生物学特性符合生产要求的、遗传上相对稳定的植物群体。用良种育苗造林是经济林最基本的增产措施。经过几十年的努力，经评比鉴定，油茶、油桐、板栗、核桃、香榧等20余个主要栽培的经济林树种已选育出优良无性系品种1300多个。林业生产周期长，一旦用劣质种苗造林，不仅影响树木成活，而且影响综合效益的发挥。因此，做好林木良种建设，不仅对当前造林绿化任务有重要的现实意义，而且对今后经济林的长远发展也具有极其重要的战略意义。

一、经济林良种内涵

经济林良种是经过相关部门审(认)定的一群栽培植物，是经济林生产优质、高效、高产的物质基础。经济林良种是经济林优良遗传基因的载体，是决定经济林产量和品质优劣的内在因素，是经济林建设效果的关键，其增产、增效作用是其他任何因素都无法替代的。

二、经济林良种资源保护

经济林名、特、优良种是财富，要严加保护。保护手段主要包括以下方面：

1. 品种权的保护

2016年《中华人民共和国种子法》中设专章阐述保护植物新品种，为我国林业新品种的保护提供了重要的政策支持。现阶段我国逐渐完善相关法律法规，力争提升对林业植物新品种的保护力度。具有优质、高产、稳产、抗逆性强以及其他优良性状的经济林木，应加大新品种及良种申报、审批力度，保护充分借助行政手段和司法手段，坚决维护新品种及良种的合法权益。

2. 良种的采集、保存和繁育

注重林木良种的采集工作，在采集种源的时候要充分考虑地质环境与树种的适应性，建设林木良种资源的存储库要从室内和室外两方面进行考虑，搜集并保存更多的林木良种。同时，要强化林木良种的保存和繁育工作，要形成规范的保护流程，从繁育林木良种开始，到销售、仓储、加工以及运输等工作中体现出来。同时要针对性建设林木良种资源保护工程，实时保护所有的良种资源。

3. 名、特、优产品的品牌注册

名、特、优经济林产品要进行品牌注册，才能受到国家法律保护。品牌注册获得专用商标，可以防止市场上的品牌假冒，有力地保护了商业利益。多少年来在经济林生产中，我们一直缺乏品牌意识，未树立名牌，失去了产品在市场上商业利益保护。特别是我国在加入世界贸易组织(WTO)以后，在国际市场竞争中，要用名牌产品去挑战对应市场。

4. 名、特、优产品的原产地保护

名、特、优经济林产品具有显著的地方特点，如广西的八角、肉桂、罗汉果、沙田柚、银杏、苦丁茶等。优质产品的形成是在原产地特定的自然生态环境中，长期的生长发育过程逐步积累，同时原产地农民在长期生产实践中行为选择共同创造的，其他任何地方都不能替代。因此，经济林名、特、优产品的原产地要申报保护。今后，即使该产品的品种在国内其他地方引种栽培成功，并有批量产品上市，但它仍非原产地的正宗产品。经济林产品的原产地申报保护，可以提高产品的知名度，同时也真正保护原产地的自然生态环境，使产品可持续发展，不断扩大商业利益。

三、经济林良种化与产业化

（一）经济林良种化的概念

经济林良种化是指栽培中的一个技术事件。它包含四个方面的含义：①栽培中使用良种，应首选使用无性系品种；②该良种是经生产实践证明适宜于该地的，种苗应由林业技术推广部门提供；③“化”是普遍地使用良种；④有该良种配套栽培技术。

（二）良种化的意义

在经济林生产中实现良种化是丰产的根本保证。因此，在栽培新林时必须坚持使用良种，否则是不可能丰产的。我国经济林树种资源极其丰富，品种资源也极其丰富。广大劳动人民在长期生产实践中，通过精心选择和培育，创造出大批的优良地方种，适宜于各自的自然条件和栽培方法。因此，经济林树种的良种化前景是广阔的。

（三）经济林良种化发展策略

1. 加强林木良种采集与保护

要做好现有众多种质基因资源的收集、保留，建立各种类型的基因库，同时防止优良基因漂移，建立原种采穗圃，防止优良品种和无性系的混杂退化。

2. 培育与推广林木良种

加强良种基地建设，要对不同林木树种的独特性进行充分的研究，合理安排种苗培育工作，科学合理安排灌溉、修剪、施肥和病虫害的防治等工作，有利于良种树苗的健康生长。培育与推广林木良种过程中，相关部门要对林木知识进行宣传普及，投入相应的林木良种科研人员，强化技术培训，加快良种推广的速度。

3. 强化林木良种建设的技术研究以及良种培育基地的管理

针对我国当前林木良种的建设实际，一是要注重构建新的科研体系，既有利于针对性地研究种源，培育新型林木良种，提高新品种的质量，也有利于强化林木良种繁育技术的研发，扩大良种培育规模；二是建立栽培示范园，形成科学的管理体系，借助于现代化信息技术，根据林木良种的位置、使用范围等进行科学合理的管理规划，推广林木良种栽培技术；三是，要不断强化林木良种培育基地建设，提高林木良种的生产繁殖以及供应销售等一系列工作，推动良种产业化发展。

(四)良种产业化的运行方式

1. 生产专业化

要围绕种子生产，形成育种、生产、清理、加工、包装、贮运一体化的生产体系。一方面，它要求土地相对集中，通过规模经营，实现资源配置的合理化，从而有利于采用专门机械设备、先进技术以及科学的生产组织形式，提高生产率，降低成本，增加经济效益；另一方面，种子生产的技术含量较高，劳动力、科技、资金、设备、管理的投入相对较大。对种子生产的产前、产中、产后各个环节的专业化要求较强。

2. 布局区域化

良种生产受种植生态条件、林业基础设施、生产力水平的影响较大，不同地域的生产优势不同。根据比较优势理论，必须因地制宜设立专业化小区，按小区进行资源要素配置，合理安排良种生产基地布局，充分发挥区域资源比较优势。

3. 育种、繁殖和推广经营的一体化

林木良种作为科技的主要载体之一，优良新品种的开发、推广和使用是良种产业发展的内部动力。要在良种选育上下功夫，在快速繁殖技术上做文章，在大面积推广上求突破，以龙头企业为市场主体的良种苗产业化经营，必须以科技为先导，加大对科研的投入力度，通过育、产、加、销各环节，把林木种苗经营单位、相关企业以及生产基地和农户有机地连接起来，建成一体化的良种繁育推广体系的经营格局，促使外部经济内部化，提高种苗产业的比较效益，增加生产者收入。

4. 服务社会化

良种产业经营，必须充分利用龙头企业的技术、人才、管理优势，建立和健全社会化服务体系，促进各种要素直接、紧密、有效地结合。服务体系的建设要具有多经济成分、多渠道、多层次、多形式的特点。

5. 管理企业化

良种产业化要求通过有效的利益联结方式，如合同契约制、股份合作制等，使种子企业与农户建立起相应的组织形式，从而形成“风险共担、利益分享”的经济共同体。在市场导向下，以利润最大化为目标，通过资源重新配置、产业结构优化调整前人产出行为的变革，实行全面的经济核算制度，互补互利，自负盈亏，讲究效益，对全系统的营运和成本效益实行企业式管理。

（五）经济林产业化的实施经营

经济林产业化生产离不开经济林产品加工和市场营销。经济林产业化是林工贸一体化的科学经营体制，其基本经营模式是：农户+基地+公司。林木育种者选育的良种需要应用到生产中，技术才能变成效益。良种如果不进入生产，其良好的效益就无法得到体现，育种者的付出也无法得到体现。良种选出后，在生产中得到大面积的推广，还需要经过中试、区试和推广示范，然后由生产单位进行大规模的种苗生产、销售或者栽植。而种苗效益的体现最终可以延伸到木材或果实采收，进行再次销售再收入。

育种者初步选择出来的优质品种并不一定就是良种，这就需要经过区试，观测其品种特性。经过区试，品种特性经过实践确认的，最终可以申报国家和地方良种，并且要经过专业委员会审定通过后才能进入生产。经过良种审定的良种一般需要经过中试，在中等程度规模上进行生产，扩大试种区域，进一步检验在一定分布区和生产规模上的效益，为进一步大规模生产提供生产、技术和管理上的经验，完善相关技术，这个环节往往企业就开始进入较多。最后，经过无数程序认定的良种可以在适种区进行大范围推广和生产，这时候，真正的产业化得到体现。

第四节　经济林良种苗木繁育

繁殖方法关系着经济树种苗木的遗传品质和繁殖效率，是确保“良种”的基础。恰当的繁殖方法不仅要能获得高倍繁殖系数，还要求有效保持母株的优良性状。

一、苗圃营建

苗圃是专门用来繁殖优良种质材料和培育良种苗木的场所，包括苗圃地和附属设施等，现代商业苗圃已成为培育和经营良种苗木的独立生产经营单位。

（一）苗圃类型

苗圃类型划分的方法很多：根据苗圃经营年限，可以分为固定苗圃

(长期苗圃，10年以上)和临时苗圃(短期苗圃)；根据苗圃经营规模，可以分为大型苗圃($20km^2$以上)、中型苗圃($3\sim20km^2$)和小型苗圃($3km^2$以下)；根据苗圃经营种类及生产任务，可以分为综合性苗圃和专业性苗圃(森林苗圃、园林苗圃、果树苗圃、经济林苗圃、实验苗圃等)；根据苗圃设施条件，可分为露地苗圃、保护地苗圃等。不同类型的苗圃的用途和经营方式不同，在布局和经营管理上也各有特点。

(二)苗圃地选择

常规育苗是在苗圃地进行的，苗圃地的自然条件和经营条件直接影响苗木产量、质量和育苗成本。因此，建立苗圃需要从苗木生长环境和苗圃经营管理两个方面来综合考虑，慎重选择苗圃地。小型、临时苗圃主要考虑苗木适生的环境条件，基本要求是：地势平坦、土壤肥沃、土质疏松、背风向阳、排水良好、水源充足、无严重环境污染，而大型、固定苗圃则必须重视苗圃地经营条件。

经营条件主要考虑地理位置和社会经济条件。地理位置方面，经济林育苗原则上要求"就近育苗"，苗圃地选择应以当地经济林生产对良种苗木的需求为依据，尽量选择主要经济树种良种来源地和苗木供应地中心或附近位置，以减少种穗和苗木运输距离、节约育苗成本、提高成苗率和造林成活率。社会经济条件方面，要考虑到包括圃地水、电、路等基础设施条件和当地人力、物流、信息、科技等市场支撑条件，以便于经营管理、节约生产成本和提高生产效率为原则。

(三)苗圃用地划分

苗圃用地一般包括生产用地和辅助用地。生产用地通常包括播种繁殖区、无性繁殖区、苗木移植区及暂时未使用的轮作休闲地。现在综合性苗圃还设有大苗培育区、种质资源区、设施育苗区、组织培养室、试验示范区等。辅助用地又称非生产用地，指苗圃的管理区建筑用地和苗圃道路、排灌系统、防护林带、晾晒场、积肥场及仓储建筑等占用的土地。

(四)圃地土壤耕作

圃地土壤耕作指对苗圃地耕作层所进行的一系列土壤改良和地力维护措施，包括整地、作床、土壤消毒、施肥、接种菌根菌、轮作等，目的是改善圃地耕作条件和土壤耕性，提高土壤肥力。土壤耕作层是苗木根系生长的基础，其理化性质和养分状况对苗木生长发育有着至关重要的影响，因此，圃地土壤耕作是培育壮苗的重要措施。

育苗方式或称为育苗作业方式，常规育苗方式有两种，分别为苗床育苗和垄作育苗。苗床育苗是在整地后修作的苗床上育苗，便于集约管理，有利于排水；垄作育苗整地后不做苗床，直接按一定距离成行或成带地进行育苗，便于机械化作业。垄作育苗与农作物栽培方式相似，又称大田育苗。我国南方由于雨水多，一般采用苗床育苗；北方在阔叶树育苗时广泛采用垄作育苗。

苗圃土壤消毒的目的是消灭土壤中的病原菌、虫卵和杂草种子。常用的土壤消毒方法有药剂处理和高温处理两种方法。苗圃施肥是改善苗圃地土壤养分状况，补充苗木所需的营养元素的基本方法。育苗所用的肥料种类很多，其性质和肥效各不相同，大致分为有机肥料和无机肥料两类。有机肥料包括厩肥、堆肥、绿肥、饼肥、人粪尿、塘泥等，多属于全元肥料，含有苗木所需的大部分营养元素且肥效长，还能改善土壤理化性质。无机肥料也称矿质肥料，包括绝大多数化学肥料，多为氮、磷、钾单一肥料。苗圃施肥要坚持以有机肥为主、无机肥为辅，施足基地、适当追肥的原则，应综合考虑苗木特性、圃地条件、施肥目的及肥料特性等因素合理施肥。

二、良种苗木繁育

经济树种的苗木繁殖方法通常可分为实生繁殖(有性繁殖)和无性繁殖两大类。利用种子播种培育成苗木的方法，称为实生繁殖法，又称有性繁殖。实生繁殖培育出的苗木，称为实生苗。利用植物的营养体，在适宜的条件下培育成新的个体的繁殖方法，称为无性繁殖，又称无性繁殖。用无性繁殖法培育的苗木，称为无性繁殖苗或无性繁殖苗。无性繁殖方法在经济林育苗实践中得到广泛应用，主要方法有嫁接法、扦插法、压条法、分株法、埋条法、埋根法、组织培养法等。其中，嫁接苗为异根营养苗，扦插苗、分株苗、压条苗及组培苗均为自根营养苗。

(一)实生繁殖育苗

1. 实生繁殖育苗的优缺点

实生繁殖育苗的优点主要有：①种子体积小、质量轻，便于采集、运输和贮藏；②种子来源广，播种方法简便，便于大量繁殖；③实生苗根系发达、生长旺盛、寿命较长；④对环境条件适应能力强，并有免疫病毒的能力。

与无性繁殖育苗相比，实生繁殖育苗的缺点有：①种子繁殖有后代易出现分离，优良性状遗传不稳定，果实外形和品质常不一致，影响商品价值；②实生苗是需要经过童期后才具有开花潜能，进入结果期晚；③实生树木通常树体高大，管理不便，影响产量。因此，在经济林栽培中，实生繁殖主要是用于培育砧木和杂交育种，除少数树种外，不宜使用实生苗造林，提倡使用无性苗造林。

2. 实生繁殖育苗技术

(1)种实调制和质量检测。种实是对经济树种球果、果实和种子的统称。种实调制是指从经济树种的球果或果实中取出种子，清除杂物，使种子达到适宜贮藏或播种的程度。根据树种和果实特性的不同，采取相应的脱壳取种的方法。例如，油茶播种的种子不可在烈日下暴晒，只可采用室内自然干燥裂果后取种，而其用来榨油的种子则是在烈日暴晒中获取。

种子质量是种子优劣程度的各项指标的统称，可从种子含水量、种子净度、千粒重、种子发芽力和种子生活力几个方面测定。种子含水量是指干燥前后种子质量之差占干燥前种子质量的百分比。种子净度是指纯净种子质量占比共检种子质量的百分比。千粒重是指 1000 粒种子的质量(克/千粒)。种子发芽力包括发芽率和发芽势。种子生活力是在适宜条件下种子潜在的发芽能力，大部分经济林种子采集后处于休眠状态。

(2)种子处理。种子处理是指在圃地播种前，对种子进行物理、化学或生物处理措施的总称。常规的种子处理技术包括种子精选、分级、消毒、催芽等，现在种子处理技术还包括包衣和引发等。凡播种育苗用的种子，在播种前必须进行处理，目的是使种子发芽迅速、整齐，提高场圃发芽力，方便后期管理，培育优质壮苗。

种子精选又称净种，是清除种子中的杂质和不合格种子，如空瘪籽、不饱满种子、霉变种子、发芽种子、机械损伤种子等，从而获得纯净种子的工作。种子分级即按照种子大小、形状、色泽、种仁质量和综合因子划分种子质量等级，一般分为三级。种子消毒可杀死种子所带病菌，并保护种子在土壤中不受病虫危害，一般常用方法有药粉拌种和药液浸种两种方法。种子催芽是指通过人为措施打破种子的休眠，促进种子发芽的措施。种子催芽的方法很多，应根据种子特性和休眠原因的不同，分别采取层积催芽、浸种催芽和药剂催芽等。种子包衣是指利用黏着剂或成膜剂，将杀菌剂、杀虫剂、微肥、植物生长调节剂、填充剂等非种子材料，包裹在种子外面，使种子呈球形或原有形状的一项种子处理技术。

(3)播种。适时播种是培育壮苗的重要环节，关系到苗木的生长发育和对恶劣环境的抵抗能力。应根据树种特性，苗圃的自然条件来确定播种时期，一般分为春播、夏播、秋播和冬播。播种方法有点播、条播和撒播，应根据种子特性、苗木生长规律和对苗木质量要求合理选用。播种深度与出苗率有密切关系，依据种子大小、萌发特性和环境条件而定。苗木密度过大，苗木生长弱，顶芽不健壮，影响造林后的成活；苗木密度过小，苗木产苗量低，杂草滋生，影响苗木生长。

(4)实生苗管理。种子播种后，即需覆土，覆土厚度对苗木出土有重要影响，依种子大小、土壤状况、播种时间及覆土材料而定，一般覆土厚度为种子直径的2~3倍。播种前一般应灌足底水，且幼苗期对于主根发达的核桃、板栗等的实生苗可通过截根来抑制主根，促进侧根和须根生长，提高定植成活率。

(二)无性繁殖育苗

1. 无性繁殖育苗的优缺点

无性繁殖主要是利用植物营养细胞的再生能力、分生能力以及营养体之间的接合能力来进行繁殖，主要优点有：①保持母本优良的遗传性状。无性繁殖不经过减数分裂和染色体重组，而是由分生组织直接分裂的体细胞形成新的个体，其亲本的全部遗传信息可得以再现。②提早开花结实。无性繁殖体的发育阶段是母体营养器官发育阶段的延续，无须经历实生苗的童期，故能提早开花结实。③解决种子繁殖困难问题。一些树种或品种多年不开花结籽或种子很少、胚发育不健全、打破种子休眠困难等，无性繁殖就成为其唯一或主要的繁殖方法。

无性繁殖主要缺点有：①育苗技术相对复杂，种条来源受限；②营养苗的根系一般不如实生苗的根系发达，适应能力和抗逆能力下降，且寿命缩短；③某些树种长期无性繁殖，还会导致生长势减弱、品种退化、病毒或类病毒感染等现象。

2. 无性繁殖育苗方法

(1)嫁接繁殖。嫁接又称接木，是将不同基因型植物的部分器官(芽、枝、干、根等)接合在一起，使之形成新个体的一种繁殖方法。用这种方法培育出的苗木称为嫁接苗，提供根系的植物部分称为砧木，嫁接在砧木上的枝或芽称为接穗。嫁接繁殖是无性繁殖的重要方法，除了具有无性繁殖方法保持母本优良的遗传性状、提早开花结实等优点外，还具有以下独特作用：①可利用砧木的某些性状，如抗旱抗寒、耐涝、耐盐碱和抗病虫等，增强栽培品种的适应性和抗逆性。②可利用砧木生长特性和砧穗互作效应，调节树势，改造树形，使树体矮化或乔化，以满足不同栽培目的和经营方式的需求。③可采用大树嫁接换冠，迅速更换品种，是低产林品种改良的重要方法。④采用一树多头、多种(品种)嫁接，可使一树多花、多果，提高经济树木的观赏性、经济性和授粉能力。

经济林树种嫁接繁殖也有一定的局限性：嫁接繁殖对砧木的选择严格，要求和接穗的亲本限于亲缘关系相近的植物；某些植物由于生理上(如伤流)或解剖上(如茎构造)等原因，嫁接成活困难；嫁接苗寿命较短。此外，嫁接繁殖操作繁杂，技术要求较高。嫁接方法按所取材料不同可分为芽接、枝接和根接三大类。

(2)扦插繁殖。利用植物体营养器官的一部分(枝、叶、根等)作插穗，插入土壤或育苗基质中，在适宜的条件下，使其形成独立的新个体的方法，称为扦插繁殖。扦插育苗具有取材容易、育苗周期短、繁殖系数大、成苗迅速等优点，在大部分经济林树种中有广泛应用。但扦插育苗也有其局限和不足之处：①一些经济林树种插生根困难或生长慢；②与实生苗或嫁接苗造林相比，成年树根系不发达，分布浅，影响地上部分生长；③一些树种位置效应明显，成年树也容易出现偏冠现象。

根据插穗的不同，可分为叶插、枝插、根插三类，枝插又分为硬枝扦插和嫩枝扦插两种。枝插是经济林扦插育苗的主要方法。

(3)压条繁殖。压条繁殖是指枝条不与母体分离的状态下压入土中，促使压入部分发根，然后与母株分离而成为独立植株的繁殖方法。多用于灌木类树种的繁殖，也可用于扦插、嫁接较难的树种繁殖，如樱桃、荔枝、龙眼等。此法简单易行，并可获得较大的苗木，但生根时间较长，繁殖系数低，繁殖量较小。对于不易生根的树种，或生根时间较长的，可采取技术处理，以促进生根。促进压条生根的常用方法有：刻痕法、切伤法、扭枝法、劈开法、软化法、生长刺激法以及改良土壤法等。各种方法皆是为了阻滞有机物质的向下运输，而向上的水分和矿物质的运输则不受影响，使养分集中于处理部位，有利于不定根的形成。常见压条方法有直立压条法、水平压条法、高枝压条法。

(4)分株繁殖。分株繁殖即利用某些植物能够萌生根蘖或灌状丛生株的特性，把根蘖或丛生株从母株上分割下来，另行栽植，使之形成新的植株的方法。分株繁殖简单易行，成活率高；但繁殖系数小，不便于大量生产。在经济林育苗上，主要适用于能力强的经济林树种，如香椿、银杏、枣、李、石榴、山定子、海棠、山楂等。分株繁殖的主要方法有灌丛分株、根蘖分株、掘起分株。此外，某些草本植物香蕉、菠萝等还可采用吸芽分株。

3. 采穗圃建设

采穗圃是以优树或优良无性系为材料，生产遗传品质优良的带芽种条(穗条、根条)的良种繁殖基地；所生产的良种穗条，用于无性繁殖育苗或大树嫁接换种。采穗圃是无性繁殖育苗的基础，嫁接繁殖、扦插繁殖的种条均应来自采穗圃。建立采穗圃有如下优点：采穗圃母树是经过选优的，所提供种条的遗传品质能够得到保证。通过对采穗母树的平茬、修剪、施肥、保幼等措施，种条生长健壮、充实、整齐，位置效应或成熟效应弱，粗细适中，愈合和生根能力强。便于集约经营和科学管理，可以在短期内生产大量优质种条，生产成本较低。采穗圃一般设在中心生产区和苗圃附近，可实时采条，避免种条的长途运输和贮存，有利于提高繁殖成活率。

(1)采穗圃类型。按对建圃材料遗传改良水平和遗传鉴定情况，采穗圃可分为普通采穗圃和改良采穗圃。按采穗圃经营目的可分为长期采穗圃、临时采穗圃和兼用采穗圃。按建立方式可分为新建采穗圃、改(扩)建采穗圃。其中，普通采穗圃是指以表型优良但尚未通过遗传鉴定的优树为材料建立的采穗圃。通常普通采穗圃只为建立一代无性系种子园、无性系测定和资源保存提供繁殖材料，不宜直接用于生产中大规模育苗。而改良采穗圃则是以优树通过遗传鉴定后的优良遗传型或优良品种为材料建立的采穗圃。其可为优良无性系、品种的生产推广和建立一代改良无性系种子园提供繁殖材料。

(2)采穗圃营建。

①采穗圃选址　采穗圃的选址理应设在该树种生产条件最适合和技术力量较强的中心地区，便于采穗，随采随用，最大限度地提高穗条产量和繁殖成活率。圃地条件宜选择在气候适宜、土壤肥沃、交通便利、地势平坦、便于排水灌溉、光照条件较好、集中连片以及管理方便的地方。

②采穗圃建圃方法　采穗圃的建圃方法主要有两种，分别为无性系苗定制造林和大树高接换冠。建圃材料也通常选用优树或优良无性系，生产中推广应用的必须是经过国家或地方正式审定的优良品种。品种数量不宜太多，一般每个采穗圃品种数量 5 个以上，要注意授粉品种的配置，要求花期、果期一致，适合搭配栽培的品种组合。

③采穗圃作业方式　采穗圃的作业方式可采用灌丛式或乔林式。灌丛式指以生产扦插用枝插穗或根插穗为目的的作业方式，株行距 0.5～1.5m，经营年限较短。以生产供嫁接用接穗为目的的通常为乔林式，株行距 4～

6m，经营年限较长。

④采穗圃管理　采穗圃建立后要及时做好土壤管理、树体管理、除萌除杂和病虫害防治等工作。采穗圃管理重点要抓住以下四个关键时期，不同时期管理的内容和方法不同：a. 幼树发育期，重点任务是促进幼树营养生长，使其尽早达到一定高度；b. 树体形成期，重点任务是促进枝条萌发和树冠形成，并向生殖生长过渡；c. 采穗期，重点任务是促进树势强旺和枝条生长健壮，提高穗条产量和质量，延长穗条寿命；d. 更新复壮期，重点任务是阻滞幼龄个体老化和诱导老树返幼复壮。

第五章 经济林基地营建技术

经济林是我国重要的森林资源之一，需要合理利用及有效的保护。伴随经济发展和城市化进程的加快，我国经济林产业也急需发展更新，如何达到经济林优质、丰产、稳产、高效的经营目的已成为推动经济林产业可持续发展的主要问题。经济林营建是经济林栽培的一项重要基本建设，直接关系到经济林生产的成败及其经济效益的高低。营建经济林种植基地需要综合考虑多项因素，如经济林树种本身的遗传特性、环境条件的影响以及经济林产品的市场容量和流通渠道等，可以说经济林基地营建技术是涉及经济林栽培学、土壤学、气象学、林木育种学和市场营销学等多门学科的专业技术。因此，营建经济林基地必须以经济林栽培学为理论基础，对林地进行科学、合理的规划设计，区划栽培、适地适树，采取先进的栽培技术措施，形成规模经营、批量生产，达到经济林优质、丰产、稳产、高效的经营目的。

第一节 经济林宜林地选择

经济林基地营建需要在经济林区划和基地规划设计的基础上进行，但经济林区划和基地规划设计仅是解决了宏观决策，确立了发展方向。但具体到某一地段、地块的土壤类型、气候环境等仍然存在着局部的差异，因而必须进行宜林地的选择。宜林地的选择是从整体生态环境中，选择适宜经济林生长发育的局部小生态环境，如小气候、土壤类型、土壤的理化特性、小地形、海拔等。在小生态环境中一个环境因素可以单独起作用，或几个因素共同起作用，环境因素影响着经济林木的生长发育，甚至决定经济林木的存亡，直接关系到经济林营造的成败。

一、经济林宜林地选择的理论依据——适地适树

(一)适地适树的概念与意义

适地适树就是使栽植的经济林树种的生态学特性和栽培要求与造林地的立地条件相适应，以充分发挥生产潜力，达到该经济林树种在该立地条件下和现有技术经济条件下可能达到的较高产量水平。适地适树中“地”是指造林的立地条件，但理解“地”的概念不能单纯从技术角度只看土壤的种类和肥力，其主要包括两方面内容，一个是自然环境条件，另一个是社会经济条件。自然环境条件主要考虑的是林地的立地类型、气温和水分等，若造林树种为原有的乡土树种则主要考虑立地类型。社会经济条件应考虑该地区经济林在历史上和当前生产中所占的比重，以及群众的生产经验和当地的经营模式，同时要结合国家对该地区的生产布局要求，全面权衡其发展前景。适地适树中“树”是指造林树种的生物学、生态学特性，“树”的概念也需要从两方面理解，一是在选择经济林树种时不能仅考虑品种，同时还需要考虑品种与经济林营建地的自然环境条件和立地类型之间的适应性，营建地是否适宜所选择树种或品种的生长发育至关重要；二是要明确选择该树种的生产目的，通过实地的调研、考察结合生产实践经验判断所选树种是否能达到预期的经济产量与产品质量。

适地适树是经济林树种与环境相统一的高度概括，是经济林栽培应当遵循的基本原则，如果违背，即使采取正确的技术措施，也不可能达到预期的效果，甚至导致造林失败。要真正做到适地适树，必须要进行科学的调查研究，对“地”和“树”两方面的条件和要求进行深入分析，对“地”一定要掌握经济林基地营建地区的自然情况，正确划分林地类型；对“树”要对所选经济林树种的生物学特性有深刻的了解，这二者缺一不可。在经济林生产实践中有许多违背适地适树原则的现象，导致经济林树种生长发育不良、产量低、品质差，造成经济效益低下。如将油茶种植在北方的盐碱地区，在湖南和江西的低丘红壤地区种植核桃，将巴旦杏引种到气候湿润的地区等都会导致所引树种或品种出现生长发育受抑制，产量、品质受影响的现象。

(二)适地适树的标准

适地适树在生产实践中是相对而言的，但衡量经济林基地营建是否符合适地适树要求仍需要一个客观的标准，这个标准通常是根据营建基地的生产和经营目的确定的，对经济林生产来说，应达到丰产、优质、稳产、

低耗的要求。衡量经济林基地营建是否达到适地适树要求可以通过两个指标进行，一个是定量指标，包括营养生长，如树高、胸径、抽条、发叶、生长势等，以及生殖生长，主要指单产量，这些数据能够较好地反映立地条件与树体生长间的关系。在生产实践中通过调查计算和比较分析，可以了解树种在各种立地条件下的生长状态，尤其是对同一树种在不同立地条件下的生长状态进行比较，就能比较客观地评价所选择的树种能否做到适地适树。另一个衡量适地适树的指标是经济产量指标，取决于经济林树种所处的立地条件。因此，用营养生长、生殖生长和产量指标及其比例关系作为综合衡量适地适树指标比较可靠。

(三)适地适树的途径

达到适地适树的途径，可以归纳为两条：一是选择途径；二是改造途径。

1. 选择途径

选择途径可以分为选树适地和选地适树。选树适地指的是为既定的种植地选择适宜的树种；而选地适树则是指为既定的树种选择适宜的种植地。选择途径是当前经济林生产中做到适地适树的主要途径。在经济林生产实践中通常会遇到两种情况，第一种是当发展经济林作为某一地区农业产业结构调整和林业发展规划制定的决策时，生产者面临的任务是如何为该地区各种类型的种植地选择适宜的经济林树种，即如何为既定的种植地选择适宜的树种；第二种则是某一地区在制定经济林发展规划时，通过对市场的调查和预测，结合当地已有的经济技术条件，确定了该地区重点发展的经济林树种，生产者的任务此时就转变成如何为既定的树种选择适宜的种植地，以保证早实、丰产、稳产和优质。这两种情况都可以采用选择途径达到适地适树要求。

2. 改造途径

改造途径可以分为改树适地和改地适树。改树适地是指当地和树在某些方面不适应的情况下，可以通过选种、引种驯化、育种等方法改变树种的某些特性，使它们能够相互适应。通过育种增强树种的耐寒性、耐旱性、耐盐性以适应在寒冷、干旱或盐渍化的种植地上生长。如茶树为热带、亚热带树种，不耐低温，引种到山东后常发生冻害，但经过3~4代实生繁殖建立的子代茶园长期驯化，对低温的适应能力大大提高，受冻害程度逐渐减轻，这就属于改树适地。改地适树则是指通过整地、施肥、土壤管理等技术措施在一定程度上改变种植地的生长环境，使其适合于原来不适应的树种生长。如在低洼地发展经济林时，应挖掘排水沟提高台面，降低地下水位，在河滩地发展经济林时要抽沙换土、增施有机肥，提高土壤蓄水保肥能力等，这些都属于改地适树。

需要指出的是，在目前的经济和技术条件下，改树或改地的程度都是有限的，而且改树和改地措施只有在地、树尽量相适的基础上才能得到良好的效果。在实际生产中，改造途径需要的投入大，且效果往往不佳。因此，如何因地制宜地选择适宜的树种和品种，是营建优质经济林基地，提高经济林产业效益的关键问题。

二、经济林宜林地选择的基本原则和方法

(一)基本原则

经济林宜林地选择的基本原则是适地适树。适地适树就是使栽植的经济林树种的生态学特性和栽培要求与造林地的立地条件相适应，以充分发挥生产潜力，达到该经济林树种在该立地条件下和现有技术经济条件下可能达到的优质、高产水平。一般经济林树种生态学特性与实现栽培目的对环境条件的特性要求是一致的，但具有多种经济林产品的树种有时会有不同于生态特性的要求。如果叶兼用的银杏，叶用时要求与生态特性相一致的阴凉环境条件，而果用时则要求光照条件好的环境。

严格把握不利用耕地新发展经济林的原则，引导新发展经济林上山上坡，鼓励利用“四荒”资源和园地，不与粮争地。

(二)方法

经济林宜林地选择在营林技术上是采用立地类型划分的方法，既科学，又简便易行。

1. 立地类型的概念

立地类型是指某一具体林地影响该经济林生产力的自然环境因子，如地貌(海拔、坡向、坡位、坡度)、土壤(土壤类型、母岩、土层厚度、肥力、水分)、植被(植物种类成分、组成覆盖)等。根据环境因子间的差异，将其分别进行组合，可以组合成各种不同的类型，称为立地类型或立地条件类型。立地类型不同，经济林生产能力就有差异，栽培技术也有所不同。因此，根据立地类型的异同，可以进一步做出立地质量生产力的评价，根据立地类型的等级栽培适宜树种、品种并确定具体的经营措施。

立地类型划分是指按照一定原则对影响林木生长的自然综合体的划分与归并。在栽培学实践中，立地类型划分可从狭义的和广义的分类两方面理解。狭义上，将生态学上相近的立地进行组合称为立地分类，组合成的

单位称为立地条件类型，简称立地类型，即立地类型是土壤养分和水分条件相似地段的总称。广义上，立地类型划分包括对立地分类系统中各级单位进行的区划和划分。一般意义上的立地类型划分多指狭义划分。

2. 划分立地类型的依据

划分立地类型主要是根据土壤条件、地势、地貌等，将不同土壤条件和地势地貌分成若干等级，以简单明了的形式表示立地的特征。土壤条件包括土壤的肥力、类型、母岩、土层厚度、水分等；地势地貌包括海拔、坡向、坡位、坡度等。根据立地类型的不同，可进一步对其立地质量生产力进行评价，从而确定各自适宜的树种和经营措施。同一立地条件类型的林地具有相同的生产力并可采用相同的造林和育林技术措施。

3. 立地类型划分的方法

立地类型具体划分方法采用主导因素等级法。生态环境包含着气候、土壤、生物等许多因素，不可能全部参与划分，只能从中选择主导因素，在主导因素中再分为不同的等级，从中相互组合。主导因素在不同的生态环境中是不同的，主导因素选择的不同，划分出的立地类型也不同。经多年研究，我国已形成了一套完整的立地分类系统，全国共划分了 8 个立地区域，50 个立地区，166 个亚立地区。对于局部地区，在遵循全国立地分类系统的基础上可按立地类型小区、立地类型组、立地类型作为该区立地类型划分的主要单位。

在划分出的立地类型中，是有差异的，面积大小也不一样，从中选择适宜的类型栽培相应的经济林树种和品种。主导因子的选择，以往多用多元回归筛选的统计方法，但也有一定的局限性，在生产实践中，可以根据外业调查资料和以往的工作经验，综合考虑认定。在立地因子的选择中还应根据经济林的种类选择立地因子，如集约化程度较高的经济林树种可增加土壤肥力和土壤水分等。

三、经济林宜林地的类型及特点

（一）平地类型

平地是指地势平坦或是向一方稍微倾斜且高度起伏不大的地带，根据平地成因不同，地形及土壤质地存在差异，可以分为冲积平原、山前平原、河滩沙地和滨湖滨海地等。

1. 冲积平原

冲积平原是大江大河长期冲积形成的地带，一般地势平坦，地面平整，土壤深厚肥沃、有机质含量较高，灌溉水源充足，管理方便，便于使用农业机械。在冲积平原建立商品化经济林基地，树体生长健壮、目标经济产量高、品质好、销售便利，因而经济效益较高。但是，在地下水位过高的地区，必须控制地下水位(80cm以下)，可栽种桃、杏、葡萄、山楂、苹果、枣、柿、核桃等多种经济林树种。

2. 山前平原

山前平原是由几个山口的洪积扇连接起来形成，因沿山麓分布故又称山麓平原。山前平原山口的扇顶物质较粗，坡度大；到扇的中、下部物质逐渐变细，坡度逐渐变小，面积逐渐变大；随着海拔的降低逐渐由山前平原向冲积平原过渡。山前平原在近山处常有山洪或石洪危害，不宜建立经济林基地。在距山较远处，土壤石砾少，土层较深厚，地面平缓，具有一定的坡降，故地面排水良好，水资源较丰富，可以大力发展集约化生产的经济林基地。

3. 河滩沙地

河滩沙地指河流故道和沿河两岸的沙滩地带。黄河故道是典型的河滩沙地，中游为黄土，肥力较高；下游是粉砂与淤泥相间，形成细粒状的河岸沙荒，故称沙荒地。其特点是土壤贫瘠，且大部分盐碱化，土壤理化性状不良，导热快、失热也快，夏季地温高，保水、保肥能力差。在风大地区，风沙移动易造成经济林木露根或埋干和偏冠，影响其生长发育。因此，在沙荒地营建经济林基地时应掺土加肥改良沙土，提高保水、保肥能力，同时注意防风固沙，增施有机肥，排碱洗盐改良土壤理化性状，并解决灌溉问题。

4. 滨湖滨海地

滨湖滨海地濒临湖、海等大水体，空气湿度较大，气温较稳定，与远离大水体的经济林基地相比，不易受低温或冻害等灾害性天气的危害。但由于春季回暖较慢，昼夜温差小，经济林树种常表现为萌芽迟，果实着色不利等现象。此外，湖滨海地风速较大，树体易遭受风害，且靠近水面的地区地下水位较高，土壤通气不良，树体易受到盐害。因此，在滨湖滨海地营建经济林基地应注意营造防风林。

(二)山地类型

山地空气流通，日照充足，昼夜温差大，有利于碳水化合物积累和果实着色。在山地营建经济林基地时应注意海拔、坡度、坡向及坡形等地势条件对温、光、水、气的影响。一般以3°~5°的缓坡营建经济林基地最好，坡度在5°~15°也可栽植各种经济林木，坡度在20°~30°的山坡可栽深根性抗旱的仁用杏、板栗、核桃，坡度再大则不宜营建经济林基地，地形起伏越小对整地、灌溉和机械化操作越有利。一般在山地营建经济林基地都存在缺水问题，要根据水资源分布情况和有无灌溉条件，合理规划树种和品种。

山地随海拔的变化，温度、日照、雨量等气候条件均发生变化，出现气候与土壤的垂直分布带。从山麓向上，出现热带-亚热带-温带-寒温带的气候变化，因此，在经济林基地营建中，可以充分利用这一特点，选择与各气候带相适应的树种、品种，提高山区土地资源开发利用的经济效益。

由于山地构造的起伏变化，气候垂直分布带的实际变化更为复杂，易形成小气候带，这使得在实际生产中常出现分布于同一等高地带内的同一树种其生长势、产量和品质表现出明显的差异。因此，在山地营建经济林基地时应充分进行调查研究，熟悉并掌握山地气候的变化特点对于因地制宜确定栽培树种具有重要的实践意义。

(三)丘陵地类型

丘陵地是介于平地与山地之间的过渡性地形，将山顶部与麓部相对高差小于100m的丘陵地称为浅丘，相对高差100~200m的称为深丘。浅丘的特点近于平地，坡度较缓，冲刷程度轻，土层较深厚，顶部与麓部土壤和气候条件差异不大，水土保持工程和灌溉设备的投资相对较少，便于栽培管理，是较为理想的经济林基地营建地点。而深丘具有山地的某些特点，如坡度较大，冲刷较重，顶部与麓部土层厚薄差异较明显等，且由于相对高差较大，水土保持和灌溉等投入都较大，海拔与坡向对小地形气候条件的影响明显，栽培管理困难，产品运输也较为困难。

第二节　经济林规划设计

规划与设计是经济林基地营建的基础工作，规划是对基地长远发展的计划，从宏观上提出相应的建设目标和保障措施，而设计则是根据营建规划的目的和要求，对营建工作进行的具体安排，在经济林基地营建过程中，二者相辅相成，构成完整的营建规划设计体系。经济林基地规划与设计主要内容包括基地情况调查、土地规划、道路及排灌系统的规划、水土保持的规划设计、树种品种的配置及经济林基地防护林营造等。只有对基地营建进行科学的规划设计才能避免营建工作的盲目性、随意性，以确保经济林基地营建的质量。

一、经济林基地情况调查

经济林营建规划设计的实施应在明确目的任务的基础上，通过充分细致的调查研究，全面掌握规划设计地的自然条件、社会经济条件、经济林生产情况等，遵循规划设计的基本原则，进行经济林基地规划设计，并经过同行专家鉴定后，再用于基地营建和经营。

（一）基本情况调查

对拟营建经济林基地地区的基本情况应进行全面细致的调查工作，主要包括：

1. 社会经济情况

经济林基地营建地区的经济发展水平及未来发展趋势；劳动力数量及技术素质；经济林产品贮藏、加工和营销渠道以及当地的交通状况等。

2. 自然环境情况

气候条件，如平均气温、生长期积温、日照条件、年降水量以及当地常见的自然灾害等；地形及土壤条件，如海拔、垂直带分布、土层厚度、土壤质地、地下水位及其动态变化以及土壤植被和被冲刷的情况等；水利条件，包括水源、现有灌溉和排水设施等。

（二）外业调查

外业调查主要是通过对拟营建经济林基地的实地考察掌握其规划设计所必需的资料，包括种植地的自然条件、经济林生产规模、产品市场和销售中存在的问题等。为了在尽量减少调查环节的基础上掌握准确可靠的资料，可以重点参考专业部门积累的资料，从中进行抽样详查。在调查结束后，需要对所获得的调查资料及时整理分析，详细了解拟种植地的立地类型和土地利用现状，并对其自然资源、社会经济技术资源和可持续发展潜力进行综合评价。

（三）内业规划

在基本情况调查和外业调查充分获取资料的基础上，需要对种植地进行总体规划，根据适地适树的基本原则和市场的需求制定种植地的树种和品种、发展规模、经营方式、预期产量及产品采后处理和销售计划等。根据总体规划的目标再进行经济林基地营建技术设计，包括土地整改、道路及灌排水系统设计、防护林设计、树种选配、种植模式和种植技术等。

(四)规划设计方案确定及实施

综合上述信息并最终形成经济林基地营建规划设计方案，该方案需要包含土地利用现状图、立地类型分布图、规划设计图和规划设计说明书等，同时需要报上级部门进行同行专家评审，通过后方可组织实施。

二、土地规划

在进行经济林规划前，首先应进行地形勘察和土壤调查，了解当地的地形、气候、土壤、植被等情况，测量拟营建经济林基地的面积，坡度大于10°的山、丘地建立基地需进行等高测量，并绘出平面图。以经营为目的的经济林基地，在土地规划中应以生产用地为先，各项服务于生产的用地保持比例协调即可。通常各类用地比例约为：经济林栽培面积占80%～85%，道路约占5%，防护林和辅助建筑物等约占15%。

(一)基地小区划分

经济林种植基地小区是生产管理中的基本单位。小区的大小和形状将直接影响经济林栽培各项技术措施的效果和生产成本，正确划分小区是提高经济林基地产出效率的一项重要措施。因此，划分小区是经济林土地规划中的重要内容。

1. 小区面积

确定经济林种植基地小区面积的主要依据有：同一小区内气候和土壤条件大体一致，有利于防止林地水土流失和发挥水土保持工程的效益；有利于防止风害；有利于基地内的运输和机械化管理。

小区面积的大小因地形、地势和气候条件而不同。平地或立地条件较为一致的基地小区面积一般在8～12公顷；在地形复杂、立地条件差异较大的地区，每个小区面积以8～12公顷为宜；若在地形极为复杂的山地，小区面积应适当缩小，但不应小于0.1公顷。

2. 小区的形状与位置

小区的形状与位置需要与经济林基地的道路系统、防护林设置、水土保持及排灌系统的规划设计相适应。形状多采用长方形，长边与短边比例约为(2～5)：1。平地基地小区的长边应与当地风向垂直，使林木的行向与小区的长边抑制，防护林应沿小区长边设置，可增强防风效果。山地与丘陵地小区多为带状长方形，长边需与等高线走向一致，并与等高线弯度相适应，以减少水土冲刷和便于机械耕作。

上述小区划分的原则主要是指大面积经济林基地，在生产中小区的划分更应从实际出发，其主要依据是便于田间操作与管理。

(二)道路系统规划

经济林基地的道路系统一般由主道、干道、支道和区内小道组成。主道是基地的主要道路，一般设在园内中部，贯穿整个种植基地，将其分成几个大区，便于运送产品和其他生产资料。干道常设置在大区之内，小区之间，与主道垂直，以能并行两台动力作业机械为度。环绕经济林基地可根据需要设置支道，与区内小道作用类似，以人行为主或能通过大型机动喷雾器，便于作业。在山地营建经济林基地时，道路应根据地形修建，主道应环山而上或呈“之”字形，纵向路面坡度不宜过大，以卡车安全行驶为度。支道应尽量连通各等高行，宜选在小区边缘和山坡两侧沟旁。修筑山地经济林基地道路时要注意在路的内侧修排水沟，路面稍向内斜，以减少冲刷，保护路面。平地与山地的大、中型经济林基地的道路规格一般均需符合下列规定：①主道：宽5~7m，须能通过大型汽车，在山地沿坡上升的斜度不能超过7°；②干道：宽4~6m，须能通过小型汽车和机耕农具，干道一般为小区的分界线；③支道：宽2~4m，主要为人行道及通过大型机动喷雾器等农具。小型经济林基地为减少非生产占地，可不设主道与干道，只设支道即可。

(三)辅助建筑物规划

辅助建筑物包括办公室、贮藏室、车库、农具室、肥料农药库、包装场、职工宿舍等。这些建筑物的设置应遵循少占耕地的原则，按照需要设置在最便于工作的地点。贮藏室要选冷凉、干燥的地点修建，有利于果品贮藏，便于运输。山区则应遵循量大沉重的物资运送由上而下的原则。肥料农药库应设在较高的位置，以便肥料，特别是体积较大的有机肥料由上而下运输。

三、排灌系统规划和设计

经济林基地的排灌系统包括蓄、引、排、灌四部分，下面将主要对灌溉系统和排水系统的规划进行详细介绍。

(一)灌溉系统规划和设计

灌溉系统主要分为地面灌、喷灌、滴灌三大类，我国主要以地面灌为主，因此，主要对地面灌水系统的规划进行阐述。

1. 蓄水和引水

蓄水和引水是经济林基地灌溉水的主要来源。蓄水主要通过修建蓄水池和小型水库实现，平地经济林基地应当在适当的位置修建蓄水池，一般每公顷地修建 30~50m^3 的蓄水池一个。在丘陵和山地经济林基地可在溪流不断的山谷或三面环山的凹地修建小型水库，水库位置应高于基地。引水则是指从河中引水对经济林进行灌溉。当基地位于河岸附近时，可在上游修筑分洪引水渠道，进行自流式取水，保证自流灌溉的需要；基地高于河面时，可进行扬水式取水；基地距河流较远时，则需利用地下水灌溉，地下水位高可筑坑井，地下水位低可修管井。

2. 输水系统

经济林基地的输水系统即输水渠，包括干渠和支渠。输水渠的设计要求是：①位置要高，干渠的位置应当设在分水岭地带，支渠也可沿斜坡的分水线设置；②要考虑到小区的形状和方向，并与道路系统相结合；③输水渠道距离要短；④输水渠的渗透量要求最小，按 1/1000 左右的比降修干渠，支渠的比降在 1/500 左右。

3. 灌溉渠道

灌溉渠道是紧接输水渠将水分配到经济林基地小区中的渠道。现代化经济林基地中的灌溉渠道皆用有孔的管道埋于园中，可以自动调节。位于山地的经济林基地，其灌溉渠道应结合水土保持系统沿等高线按照一定的比降挖成明沟，这种明沟可以排灌兼用。在对灌溉渠道进行规划时应注意，无论是平地或坡地，灌溉渠道的走向都应当与经济林基地小区的长边一致，而输水的支渠则与小区的短边一致。在平地修建的经济林基地，如进行沟灌，则可不另开灌溉渠。现代化的经济林基地除了采用地面及地下管道浸润灌溉外，也可用喷灌和滴灌进行灌溉。

(二)排水系统规划和设计

排水系统规划和设计主要作用是减少土壤中过多的水分，增加土壤中的空气含量，使林地的土壤结构、理化性状和营养状况得到综合改善。若经济林基地存在地势低洼、土壤渗水性不良、临近江河湖海、临近溢水地区或位于山地与丘陵地等情况，均需要设置排水系统。常用的排水措施包括明沟排水和暗沟排水。

1. 明沟排水

明沟排水是指在地面掘明沟，排除地表径流。山地或丘陵地的经济林基地多用明沟排水。这种排水系统按自然水路网的趋势设计，由集水的等高沟和总排水沟所组成。在修筑梯田的经济林基地中，排水沟应设在梯田的内沿(背沟)，比降与梯田一致，总排水沟应设在集水线上，方向应与等高线成正交或斜交。平地的经济林基地，其明沟排水系统由小区的集水沟和小区边缘的支沟与干沟三个部分组成，干沟的末端为出水口，小区行间的排水沟和灌水沟的位置是一致的。种植地行间排水沟的比降朝向支沟，支沟朝向干沟，沟与沟相结合的地方必须有一定弧度，以免泥沙阻塞，影响水流速度。

2. 暗沟排水

暗沟排水是地下埋置管道或其他补充材料，形成地下排水系统，将地下水降低到要求的高度。暗沟排水可以消除明沟排水的缺点，如不占用各种植树行间的土地、不影响机械操作等，但暗沟的装置需要较多的劳力和器材。在低洼过湿地和季节性水涝地，地下水位高及水田改旱地的经济林种植地，最需要暗沟排水系统。暗沟的深度取决于土壤的物理性质、气候条件及所要求的排水量，一般情况下，暗沟深度可在0.8~1.5m。

四、水土保持的规划设计

(一) 水土保持的意义

如果在山地及丘陵地建立基地，由于原有植被受到破坏，土壤因垦殖而松散，加之耕作不合理，地表径流对土壤的侵蚀和冲刷而引起的水土流失将不可避免。尤其在大雨季节，降水过量形成的地面径流，沿着坡地冲走泥土和有机质，流向溪河大江，使种植地土层变薄，土粒减少，含石量增加，土壤肥力下降。这会导致种植树木根系裸露，树势衰弱，产量降低，寿命缩短，严重的造成泥石流或大面积滑坡，使生态环境急剧恶化，甚至危及经济林基地的存亡。从大范围的生态条件来看，大面积的水土流失将造成江河淤积、洪水泛滥，威胁着人民生命财产的安全。因此，做好水土保持是决定山地、丘陵地建园成败的关键。

造成水土流失的根本原因是地表径流，水的流动带走土壤，形成水土流失。在生产实践中可以通过改造地形、改良土壤、覆盖植被等综合途径有效降低径流量和流速，减弱土壤侵蚀，从而达到减少冲刷、保持水土的目的。

(二) 梯田修筑工程

修筑梯田是防止水土流失最好的措施，梯田主要由阶面和梯壁构成，边埂和背沟构成了梯田的附属部分。

1. 阶面

梯田的阶面可根据倾斜方向分为水平式、内斜式和外斜式三种。山地经济林基地的梯田阶面不绝对水平，才有利于排出过多的地面径流。在降水充沛、土层深厚的地区，可设计内斜式阶面；降水少、土层浅的地区，可以设计外斜式阶面，以调节阶面的水分分布。无论阶面内斜或外斜，阶面的横向比降不宜超过5%，以避免阶面土壤冲刷。

梯田的阶面是由削面与垒面两部分所组成。原坡面与梯田阶面的交叉线即垒面与削面的界线，又称中轴线。垒面土壤条件良好，其心土系原坡面表土；削面土壤条件差，表土系原坡面心土或母岩。因此，阶面的土壤肥力状况不均匀，削面的土壤改良是新建园土壤改良的重点。

设计阶面的宽度应根据原坡度大小和经济林种类而定。陡坡地阶面宜窄，缓坡地阶面可宽。一般5°坡阶面宽10~25m；10°坡阶面宽5~15m；15°坡阶面宽5~10m；20°~25°坡阶面宽3~6m。如果综合考虑经济林树种的种类，在5°~20°的斜坡范围内，篱架式葡萄园的梯田阶面宽可采用1.5~2m，普通油茶和枇杷3~5m，苹果和板栗4~5m。矮化树可稍窄，乔化树则宜宽。

2. *梯壁*

以与水平面夹角的大小为依据，梯壁可分为直壁式与斜壁式。直壁式梯壁与水平面近于垂直；斜壁式与水平面保持一定倾斜度。根据修筑梯壁的材料不同分为石壁和土壁，石壁可修成直壁式从而扩大阶面利用率，土壁则以斜壁式寿命更长，其阶面利用率较小，经济林树种根系所能伸展的范围较大。梯壁由垒壁与削壁组成，土壁梯田的垒壁土质疏松，削壁的土质紧密。垒壁与地平面之间的夹角为垒壁角，通常垒壁角较小为45°~50°。削壁与地平面之间的夹角削壁角可以大些，为65°~75°。削壁与垒壁之间留出一段原坡面，称为壁间，带有壁间的梯壁，较为牢固。壁间宽窄随原坡面的陡缓而定，缓坡可窄，陡坡宜宽，可在20~40cm范围内伸缩。

坡度、阶面、梯壁三者之间的关系是直角三角形。三个边之间的关系是某一边发生变化即影响到另外两个边，是梯田设计与施工中常常遇到的问题。如阶面宽度不变，坡度变陡时，增高梯壁；坡度变缓时，降低梯壁，形成阶面等宽梯壁不等高的梯田。通常土壁高度不宜超过2.5m，石壁不宜超过3.5m。如梯壁高度不变，坡度变陡时，阶面可变窄；坡度变缓时，阶面可变宽，形成梯壁等高阶面不等宽的梯田。这种梯田较为省工，宜在生产上加以推广。

梯田的纵向长度原则上应随等高线的走向延长，以经济利用土地，提高农业机具的运转效率，便于田间管理。如遇到地形破碎，或有大的冲沟，不便填凹补壑时，梯田长度因地制宜可长可短。必要时顺应地势留下“断台”。

3. 边埂和背沟

外斜式梯田必须修筑边埂以拦截阶面的径流。边埂的尺寸以当地最大降水强度所产生的阶面径流不漫溢边埂为依据。通常埂高及埂顶宽度多为20~30cm。

内斜式梯田应设置背沟，即在阶面的内侧设置小沟。沟深与沟底宽度为30~40cm，背沟内每隔10m左右应挖一个沉沙坑，以沉积泥沙，缓冲流速。背沟的纵向应有0.2%~0.3%比降，并与总排水沟相通，以利排走径流。

(三)植被覆盖

1. 植被覆盖的作用

根据水土保持的原则设计和施工修筑的梯田，其阶面和梯壁仍然可能受到降水的冲击和地面径流的侵蚀，导致土壤冲刷和水土流失。水土保持是一个复杂的系统工程，如果单靠工程措施，垦殖后园地的水土流失可能比垦殖前更严重。因此，将工程措施与生物措施结合应用，可大大提高工程措施的效益。实验证明，植被防止土壤侵蚀的作用是十分显著的，不同植被保持水土的效能有所差别，森林的效能最高，草被、作物依次降低，清耕休闲地最差。

2. 植被覆盖的规划

经济林基地的植被覆盖应全面规划，合理布局。山地或深丘经济林基地顶部配置森林，可防风，涵养水源，保证顶部土壤不受冲刷。梯田阶面上，树间应种作物或自然生草，降水集中季节切忌清耕休闲。间作物应选择经济效益较高、树叶繁茂防冲刷效能高、回归土壤的有机质多的植物。也可结合发展畜牧业在行株间种植多年生牧草或青饲料。间作物宜等高横行播种、横行耕作，以加强水土保持效果，另外，梯田的土壁必须配置植被。较宽的壁间应生草或种草或种植植物以减少水分蒸发，增加有机质含量。垒壁和削壁上应促进生草，严禁以任何理由在梯壁上铲草。在削壁为易风化的泥岩地区，梯壁的牢固性较差。因此，修筑梯田的同时，应用生长有草根的土块作为护壁材料。在没有修筑梯田的缓坡地经济林基地，则需利用植被防止坡面冲刷。配置植被的方式有：等高横行播种短期作物；隔行生草，行间种植多年生牧草或绿肥等。

(四)其他水土保持措施

除上述主要途径外，还可以通过修筑鱼鳞坑和等高撩壕等措施达到水土保持的目的。在坡面较陡或破碎的沟坡上，不便修筑梯田，可以修筑鱼鳞坑。鱼鳞坑可按“品”字形布置，挖成半圆形的土坑，坑的下沿(或外沿)修筑半圆形的土埂，埂高30cm左右。坑的左右角上各开一小沟，以便引蓄径流。

等高撩壕也称撩壕，是我国北方农民创造的一种简单易行的水土保持方法。撩壕时先在坡地按等高开浅沟，将土在沟的外沿筑壕，使沟的断面和壕的断面呈正反相连的弧形，树木植于壕的外坡。由于壕的土层较厚，沟旁水分条件较好，幼树的生长发育好。但是撩壕在沟内及壕的外沿皆增加了坡度，使两壕之间的坡面比原坡面更陡，增强了两壕之间的土壤冲刷。为克服这一缺点，可根据具体情况，逐步将撩壕改造成复式梯田，以于利经济林正常生长结果，并防止冲刷。

五、树种、品种的配置

经济林种植基地是以生产各类经济林产品，投放市场并取得高效益为根本目的。因此，在营建经济林基地时应结合基地的立地条件与经营方针，并本着以短养长的原则来安排主栽树种和品种。同时，在选择树种、品种时，必须考虑树种、品种的生物学特性与对种植环境条件的要求，综合考虑以上因素才能使经济林达到丰产、稳产、优质的目的。

(一)树种、品种的选择条件

1. 具有优良特性

选择具有生长强健、抗逆性强、丰产、质优等较好综合性状的优良品种。此外，还须注意其独特的经济性状，如果形美观、颜色诱人、风味或肉质独特等，这些都是生产名、优、特、新优质经济林产品的种质基础。

2. 适应当地环境条件

适应当地环境条件主要包括适应气候和土壤条件。表现优质丰产，保持优质与丰产的统一优良品种并不是栽之各地而皆优的，而是有其一定适应范围，超出这个范围，就可能不再表现优良性状。因此，在选择品种时，必须选择适应当地气候、土壤条件，且表现丰产优质的品种。

3. 适应市场需求

选择树种、品种时应注意适应市场需要，种植经济林的经济效益最终是通过产品销售实现的。因此，产品一定要适销对路，以市场和消费者的需求作为选择品种的依据，而不是生产者个人的感觉和好恶。

(二)授粉品种的选择和配置

经济林树种如苹果、梨、李、柚、油橄榄、板栗等都有自花不实的特性，栽培单一品种时，不能完成正常的授粉受精。即使能够自花结的品种，结实率也低，不能达到商品生产的要求。在营建经济林基地时如果选择这类树种、品种，则必须配置适宜的授粉品种，进行异花授粉，达到提高产量的目的。

1. 授粉品种应具备的条件

建立经济林基地时选择授粉品种应具备以下条件：①与主栽品种花期相遇，且能产生大量发芽率高的花粉；②与主栽品种同时进入结果期，且年年开花，经济结果寿命长短相近；③与主栽品种授粉亲和力强，能生产经济价值高的果实；④能与主栽品种相互授粉，两者的果实成熟期相近或早晚互相衔接；⑤当授粉品种能有效地为主栽品种授粉，而主栽品种却不能为授粉品种授粉，又无其他品种取代时，必须按上述条件另选第二品种作为授粉品种的授粉树。

2. 授粉品种的配置

授粉树与主栽品种的距离依传粉媒介而异，以蜜蜂传粉的品种(如苹果、梨、柚等)应根据蜜蜂的活动习性而定。据观察，蜜蜂传粉的品种与主栽品种间最佳距离以不超过 50~60m 为宜。杨梅、银杏、香榧等雌雄异株的树种，雄株花粉量大，风媒传粉，且雄株不产生果实。因此，多将雄株作为经济林边界树少量配置，在地形变化大的山地经济林基地，也可作为防风林树种配置一定比例。

授粉树在经济林基地中的配置方式通常包括中心式、行列式。中心式适用于小型基地，而行列式则适用于大中型基地。授粉树在经济林基地中所占比例，应视授粉品种与主栽品种相互授粉亲和情况及授粉品种的经济价值而定。授粉品种的经济价值与主栽品种相同，且授粉结实率都高，授粉品种与主栽品种可等量配置；若授粉品种经济价值较低，在保持充分授粉的前提下低量配置。经济林基地中授粉树一般可按 2%~3%的比例配置，但配置时要注意均匀分散，同时注意风向、坡向等。

六、经济林基地防护林设计

(一)防护林的作用

防护林对改善经济林基地的生态条件，保证经济林木正常生长发育和丰产优质有明显的作用。主要体现在：降低风速、减少风害；涵养水源、保持水土、防止冲刷；增加空气温度和土壤湿度等方面。

（二）防护林的类型

防护林带可分为透风林带和不透风林带两种，林带结构不同，防护效益和范围有明显差别。透风林带气流可从林间通过，使风速大减，因而防护范围较远，但防护效果较小。不透风林带是由多行乔木和灌木相间配合组成。林带上下密闭，气流不易通过。因此在迎风面形成高气压，迫使气流上升，跨过林带的上部。这样，空气密度下部小、上部大，越过林带后迅速下降恢复原来速度，因而防护距离较短，但在其防护范围内的效果较大。

（三）防护林配置和树种选择

防护林的配置应全面规划，从当地实际出发，因害设防，适地适栽，早见效益。其配置的方向和距离应根据当地主要风向和风力来决定。一般要求主林带与主风向垂直，通常由5~7行树组成。风大地区，可增至7~10行，带距相隔400~600m。为了增强主林带的防风效果，可与其垂直方向设副林带，由2~5行树组成，带距30~500m。通常情况下，边缘主林带可采用不透风林型，其余均可采用透风林型，以保证防风效果和利于通气。

防护林树种选择是否适当也直接关系到林带的防护效益。林带树种的选择，应本着就地取材，以园养园，增加收益的原则。在树种配置中除选择对当地风土条件适应力强、生长迅速、寿命长、与经济林树种没有共同病虫害的树种外，可选适应当地风大条件的树种、蜜源、绿肥、建材、筐材、油料等树种。常用的乔木树种有杨、柳、榆、刺槐、侧柏、黑松、黑枣、山楂、枣、柿等；灌木有紫穗槐、杞柳、柽柳、花椒等。在配置树种时要注意，种植树要成行栽植，不宜单株栽植或与森林混栽，以便病虫防治与经营管理，并栽在背风与光照好的一面。

第三节 经济林整地技术

经济林种植地有多种类型，有长期耕作的农田，未经开垦的荒山、荒坡，砍伐后形成的荒老残林等。总体立地条件较差，表现为有效土层薄、土壤物理结构差、肥力水平低、水分状况不良等，不利于苗木成活和幼林生长。因此，种植前整地是改善种植地土壤条件的重要工序。正确、细致、适时地进行整地，对提高经济林种植成活率、促进幼林生长、实现经济林的早实、丰产具有重要作用。由于经济林种植地的类型多种多样，且经济林树种对环境条件的要求也不尽相同，因此，经济林种植地的整地必须根据其立地条件和种植树种自身的特点，采取灵活多样的方法和技术。另外，经济林生长周期长，为了延长整地作用的持续时间，经济林整地必须经过科学认真的设计和规划，并在实施过程中做到高规格、严要求。

一、整地的作用

经济林整地包括林地的清理和土壤耕作。其主要作用有：

(一)改善立地条件、提高立地质量

整地对改善局部小气候有明显的作用。通过清除杂草、灌木和采伐剩余物改变种植地的局部小地形，增加或减少林地局部的受光量，满足不同幼林的需要。如可以使耐阴树种或幼年耐阴树种获得适度的光照和庇荫。整地还可以通过改善土壤物理机械性质，调节土壤水分、空气的数量和比例。由于水的比热大大超过空气，在干旱条件下，整地后土壤含水量增加，地温上升慢，也比较稳定。在湿润条件下，整地后排出了土壤中过多的水分，土壤空气含量增加，地温上升就较快。此外，通过整地还可以把原来倾斜的坡面整平，或把原来平坦的地面整出下凹或凸出的小地形等，都能改变日光照射角度和土壤的通气、排水、蓄水状况，使地温得到调节。

整地还可以对土壤的水分状况进行调节。种植地经过整地能使土壤变得疏松多孔，增加土壤田间持水量、渗透能力和蓄水能力，有利于种植地保蓄更多的雨水。另外，地表的粗糙度增加，可以减少地表径流，增加雨水下渗量，使土壤蓄水量增加。需要注意的是，整地改善土壤水分条件与所使用的方法和季节等有密切的关系。其蓄水保墒作用只有方法使用得当、时间掌握适宜，才能收到良好的效果。否则，不但不能很好地蓄水保墒，甚至会造成水分大量蒸发散失，使土壤变得更加干燥。

整地对促进土壤养分的转化和积蓄也有一定的作用。虽然整地不能直接增加土壤中的养分，但其可以加速土壤风化作用，使土壤颗粒变细，促进可溶性盐类的释放和各种营养元素的有效化，还可以使腐殖质及生物残体分解加快，增加土壤养分的转化和积蓄。同时，植被清除后，可以减少植物对养分的消耗，其残体还可以增加土壤中的有机质。山地土壤经过整地，还可以除去石块，把栽植穴周围的表层肥土集中于穴内，使穴内的肥土层厚度增加，相对提高了土壤肥力。

在土壤气体交换方面，整地可以使土壤变得疏松、透气性增强，使土

壤气体交换加强，有利于根系呼吸和微生物活动。

(二)提高造林成活率和促进经济林木的生长发育

整地改善了经济林基地的立地条件。整地后，土壤疏松，土层加厚，灌木、杂草及石块等被清除，苗木根系向土层深处及四周伸展的机械阻力减小，因而主根扎得深，侧根分布广，吸收根密集。栽植的苗木根系愈合快，产生的新根多，水分条件好，有利于苗木成活。由于不同整地方法改善立地条件的作用不同，因而根系的水平和垂直分布范围以及根系数量也会产生不同程度的差异。另外，整地促进林木生长的效果与种植地原有的立地条件相关，即同一种整地方法在不同的立地条件下，效果并不一样。种植地的立地条件越差，越需要细致整地；相反，则可以适当降低整地的标准，甚至不整地。

(三)保持水土和减免土壤侵蚀

水土流失的治理措施可分为生物措施和工程措施。植树是防止水土流失最有效的生物措施。虽然营造经济林的主要目的是为了得到较高的经济效益，但只要经营措施得当，经济林本身也可以发挥水土保持作用。整地则是坡面上保持水土的简易工程措施。首先，整地可以改变小地形，把坡面整成小平地、反坡或下凹地，使地表径流不易形成；其次，整地后坡面具有一定的积水容积，可以有效地聚集水流，并加以保蓄。同时，经过整地的土壤，渗透性强，水分下渗快，来不及渗透的水流由于在坡面上停留的时间较长，可以蒸发重返大气，或缓慢渗入土壤中，不致汇集造成严重冲刷。整地虽然对水土保持有一定效果，但其对自然植被的破坏和对土壤的翻耕也有可能加剧水蚀、风蚀。所以，整地一定要采取适当的方法，使发生水土流失的风险降到最低，方法不当时不但起不了良好作用，而且会加剧水土流失。

(四)便于营造施工和提高种植质量

整地是栽种经济林树种前的工序，主要是为种植、抚育创造条件。种植地经过认真清理和细致整地，可以排除种植过程中施工的障碍，便于进行栽植，提高作业速度和质量。

二、整地方法

整地方法主要可以分为全面整地、局部整地两种。全面整地是指将准备栽种经济林木的土壤全部翻垦，而局部整地则是翻垦种植地部分土壤的整地方式。以下将对两种整地方法分别进行详细介绍。

（一）全面整地

全面整地将种植地全部土壤进行翻垦，对改善立地条件作用显著。清除灌木、杂草彻底，便于实行机械化作业及进行林粮间作，苗木容易成活，幼林生长良好。但投资大、浪费人工，且容易发生水土流失，在使用上受地形条件（如坡度、坡向等）、环境状况（如岩石、伐根、更新林木等）和经济条件的限制较大。

全面整地仅限于坡度较小，立地条件在中等肥厚湿润类型以上，以及有在林地内间种农作物习惯的地区使用。可用于平原地区，主要是草原、草地、盐碱地及无风蚀危害固定沙地。北方草原、草地可实行雨季前全面深耕，深度约30~40cm，秋季复耕，当年秋季或翌年春季耙平；盐碱地可在利用雨水或灌溉淋盐洗碱、种植绿肥植物等措施的基础上深耕整地。

（二）局部整地

局部整地是翻垦种植地部分土壤的整地方式，又可以分为梯级整地、带状整地、块状整地三种方式。

1. 梯级整地

梯级整地若应用得当是最好的水土保持方法之一。梯级整地通常采用半挖半填的方法，把坡面一次修成若干水平台阶，上下相连，形成阶梯。梯土包括梯壁、梯面、边埂、内沟等结构。梯面为经济林木种植带，梯面宽度因坡度和栽培经济林木行距的要求不同而异，一般是坡度越大，梯面越狭，坡度超过25°以上或石山不能应用梯土整地。修筑梯面时，可反向内斜，以利于蓄水。梯壁一般采用石块和草皮混合堆砌而成，坡度保持在45°~60°，并让其生草以做防护，梯埂上可种植如胡枝子等灌木。

由于坡面坡度不规整，在修筑梯土前应先进行等高测量，在地面放线，按线开梯。放线时需注意等高可不等宽，根据植株行距的要求，在距离太大的坡面上，可以插半节梯。因此，每一条梯带可能长度不同，出现长短不一的现象。

梯级整地又可分为水平沟整地法和水平阶整地法。水平沟整地法是指沿等高线环山挖沟，把挖出的土堆在沟下方，使其形成土埂，在埂上或埂的内壁种植林木。而水平阶整地法则是从山顶到山脚，每隔一定距离（按行距）沿山坡等高线，筑成水平阶。

2. 带状整地

带状整地是对种植土壤进行长条状翻垦，并在翻垦部分之间保留一定宽度原有植被的整地方法。这一方法改善立地条件的作用较好，预防土壤侵蚀的能力较强，便于机械或畜力耕作，也较为省工。带状整地主要用于坡度平缓或坡度虽陡但坡面平整的山地和黄土高原，以及伐根数量不多的采伐迹地、林中空地和林冠下种植地，也可用于地势平坦、无风蚀或风蚀轻微的种植地。

在山地进行带状整地时，带的方向可沿等高线保持水平，或顺坡成行，带与带之间的坡面不开垦，留生土带，带宽一般为1~2.5m，隔3~5条种植带开一条等高环山沟截水。带长应在可能的条件下长些，但过长则不易保持水平，反而可能导致水流汇集，引起冲刷。带的断面可与原坡面平行，或构成阶状、沟状。山地带状整地的方法主要有水平带状（环山水平带）、水平阶、水平沟、等高沟埂及撩壕等。

3. 块状整地

块状整地是呈块状翻垦种植地土壤的整地方法。块状整地灵活性大，可以因地制宜应用于各种条件的种植地，整地比较省工，成本较低，同时引起水土流失的危险性较小，但改善立地条件的作用相对较差，蓄水保墒的作用不如带状整地。块状地的边长一般为0.5~1.5m，很少超过2m，但在营造经济林过程中也可采用较大的规格。块状整地较适宜在坡度大、地形破碎的山地或石山区应用，平原也可以使用。山地应用的块状整地方法有穴状鱼鳞坑等，平原应用的方法有坑状、高台等。鱼鳞坑整地是指在与山坡水流方向垂直处环山挖半圆形植树坑，使坑与坑交错排列成鱼鳞状。坑一般长1m、宽50cm、深25cm，由坑外取土，使坑面呈水平，并在其外部连筑成半环状土埂以保持水土。

整地方法的确定应根据地形、土壤条件，当地的经济状况及经济林树种的要求确定。一般在平原地区，可进行全面整地，或在机械全面深翻的基础上进行条状整地，按照植树行距开挖深60~100cm、宽100~150cm的植树沟，然后按照底土掺杂草和表土掺土杂肥的顺序回填，浇水后待用。低湿地要先整成条状台田，然后在田面上按照一定的株行距进行整地。山区整地方法应视地形和坡度而定，一般采用局部整地。低湿较为平坦的地方，直接按照预定的株行距挖种植沟。坡度较大的地方，可沿等高线进行水平阶、水平沟、撩壕法或反坡梯田整地。在地形起伏、岩石裸露或土层浅薄的地方，采用局部整地，随地形开挖鱼鳞坑。值得注意的是，山地整地一定要做好水土保持工作。

三、整地季节

选择适宜的整地季节是保证整地效果的重要环节，尤其在干旱地区更为重要。一般来说，春、夏、秋、冬四季均可整地，但冬季土壤封冻的地区除外。以伏天为好，既有利于消灭杂草，又有利于蓄水保墒。

整地与造林不是同时进行的，叫作提前整地或预整地。从整个种植过程来说，一般应做到提前整地。因为提前整地可以促进灌木、杂草的茎叶和根系腐烂分解，增加土壤中的有机质；改善土壤水分状况，如在干旱、半干旱地区，可以充分利用大气降水，蓄水保墒，提高造林成活率；此外，提前整地还有利于从容、全面地安排造林生产活动。

提前整地最好能使整地和种植之间相隔一个降水较多的季节。如秋季种植可以在雨季前整地；春季种植，可以在前一年雨季前、雨季或至少在秋季整地。因此，提前整地绝不是无限制的提早，一般是比造林时间早1~2个季节。值得注意的是，如果整地后长时间不种植林木，立地条件仍会不断变得恶劣，失去整地本身的作用。若整地与种植同时进行，则会由于整地的作用尚未充分发挥就进行种植，使苗木受益不多，而且还常因整地不及时，错失最佳种植时机，一般效果不好，尤其在干旱地区效果更差。但土壤深厚肥沃、杂草不多的熟耕土地，以及土壤湿润、杂草、灌木覆盖率不高的新采伐迹地可随时整地，随时造林。对低洼地、盐碱地等立地条件较差的土地进行整改时还应与开挖排水沟及修筑台田结合进行。

第四节　经济林栽植模式

一、栽植前准备

（一）挖栽植穴

经济林基地整地完成或修筑好水土保持工程之后，按预定的栽植设计，测量出经济林木的栽植点，并按点挖栽植穴，密植经济林基地也可挖种植沟。挖穴时可采用人工挖掘，也可用挖坑机挖掘。无论挖穴或挖沟，都应将表土与心土分开堆放，有机肥与表土混合后再行植树。穴深与直径或沟深与沟宽常依树种和立地条件确定。栽植穴或沟应于栽植前一段时间挖好，以保证心土有一定的熟化时间，因此，挖穴也可结合整地同时进行。注意地下水位高或在低湿地种植经济林时不宜先挖栽植穴，应在改善排水的前提下再挖栽植沟，沟底应沿排水系统的水流走向设置比降，以防栽植沟内积水。

（二）苗木准备

进行种植前，无论是自育或购入的经济林苗木均应于栽植前进行品种核对、登记、挂牌，以免造成品种混杂和栽植混乱。同时，还应进行苗木的质量检查与分级。合格的苗木表现为根系完好、健壮、枝粗节间短、芽饱满、皮色光亮、无检疫病虫害等，同时应达到国家或部颁标准规定的指标。对不合格、质量差的弱苗、病苗、畸形苗应严格剔除或淘汰，也可经过再培育达到壮苗后定植。经长途运输的苗木，因失水较多应立即解包浸根一昼夜，充分吸水后再行栽植或假植。

（三）肥料准备

若拟营建的经济林基地土壤条件较差，为了改良土壤也可增施一定量的优质有机肥。肥料按每株50~100千克，每公顷40~70吨的数量，分散堆放。

二、栽植时期

栽植时期是否适宜，直接关系到苗木的成活与生长，因此，应根据经济林树种的特性结合当地的气候条件进行综合分析，确定适宜的栽植时期。适宜的定植季节应具有苗木生长所需的温度和水分条件，适宜的环境条件有利于伤口愈合、促进新根生长，可缩短缓苗时间。

北方落叶经济林树种多在落叶后至萌芽前栽植。冬季较为温暖的北部地区，萌芽前春植或落叶后栽植均可。而在冬季严寒的地区，秋季栽植易于受冻或抽条，以春季栽植效果好。在冬季温暖的南方地区，落叶树种以秋植或春植为宜。冬季较寒冷或秋季干旱的地区则以春季2~3月栽植为宜，如柑橘多于9~10月或1~3月栽植。但在部分柑橘产区夏季栽植也取得了良好的效果。柑橘夏季栽植在春梢成熟时进行，此时树体内养料积累较多，气温较高，有利于根系生长。由此可见，不同经济林树种的最适宜栽植时期还应根据种植地的气候条件与其生长特性的适应性决定。

三、栽植密度

栽植密度是指单位面积种植地上苗木的株数，是经济林栽培中最受关注的问题之一。栽植密度与群体的结构、光能、地力和生长空间的利用都有密切的关系，不仅影响经济林木的生长发育、产量和品质，同时还影响着树体的经济寿命及更新周期。因此，确定栽植密度对经济林生产十分重要。

（一）确定栽植密度的依据

确定栽植密度是一个复杂的问题。密植增加了单位面积上的经济林木的株数，提高基地经济林树种叶面覆盖率及叶面积指数，从而提高单位面积的生物产量和经济产量。但栽植密度并非越密越好，如果密度超过某一限度，将导致树冠及经济林木群体郁闭，光照状况恶化，反而削弱了光能利用率，降低生物学产量和经济产量，导致树势早衰，缩短经济寿命。在生产中一般根据以下因素来确定合理的栽植密度。

1. 树种、品种和砧木的特性

不同树种和品种的生长发育特性不同，树高与冠幅的差异是确定栽植密度的重要依据。树冠高大其株行距相应加大，反之应小。不同的砧木种类对同一品种的嫁接组合的生长势和树冠大小有明显的影响。其总的趋势为，乔化砧嫁接树，树体较高大；矮化砧嫁接树，树体矮小，如密植苹果园用 SH6 做砧木。

2. 立地条件

栽植在土壤瘠薄、肥力较低且气候条件不宜的经济林木，多表现生长势弱，其株行距可小些；栽植在土壤深厚、肥力较高、水分状况良好、光照充足且温度适宜条件下的林木，生长势较强，树体高大，栽植株行距宜大些。

3. 经营目的

一般来说，以生产果实或种子为目的的经济林，如核桃、板栗、枣树等，由于花芽分化、开花坐果及果实发育均需要充足的光照，因而栽植密度应适当减少。以生产树皮、芽叶、汁液为目的的经济林，如茶树、竹子、漆树等，其产量与株数、枝梢数关系密切，适当增大栽植密度有利于提高产量。

4. 土地资源和苗木来源

土地资源丰富，苗木品种珍贵、紧缺时应当稀植；反之，若土地紧缺，且苗木来源广泛时，应实行密植栽培。

（二）主要经济林树种常用栽植密度

经济林树种、品种较多，其生长的气候、土壤条件也较为复杂。因此，其适宜的栽植密度也不同。表 4-1 列出几种主要经济林树种的栽植密度以供参考。

表 4-1　几种主要经济林树种适宜栽植密度参考　株/亩

树种	密度	树种	密度
油茶	60~80	漆树	40~50
油橄榄	20~30	油桐	30~40
核桃	14~19	千年桐	15~25
云南核桃	10~15	乌桕	20~40
薄壳山核桃	15~24	板栗	14~27
香榧	20~40	枣树	20~40
文冠果	150~170	柿树	14~27
油棕	9~12	毛竹	20~30
椰子	10~14	棕榈	100~150

(三)计划密植

计划密植是一种有计划分阶段的密植制度。定植时高于正常的栽植密度以增加单位面积上的栽植株数，提高覆盖率和叶面积指数，达到早期丰产、早盈利的目的。在经济林营造初期，由于植株矮小，林地裸露、光能和空间利用率低，群体稳定性和抗御灾害的能力差，土地生产力低下，易发生水土流失等。因此，在营建初期，常按一定的比例加大初植密度。实施计划密植的要点是：栽植之前做好设计，预定永久株与临时株。在管理中对两类植株要区别对待，保证永久株的正常生长发育，而对临时株的生长进行控制，早期结果。出现郁闭时，及时缩剪临时株，直至间伐移出。计划密植的密度与方式根据种植品种、砧木和立地条件而定。计划密植系数是指初植密度与永久密度的比值。以生产果实和种子为经营目的的经济林，计划密植系数不宜过大，一般以 2~3 为宜，最大不超过 4；以生产树皮、树叶为经营目的的经济林，计划密植系数可适当加大。

四、栽植方式

栽植方式决定经济林群体及叶幕层在经济林基地中的配置形式，对经济利用土地和田间管理有重要影响。在确定了栽植密度的前提下，可结合当地自然条件和经济林树种的生物学特性决定。常用栽植方式有：

(一)长方形栽植

长方形栽植是应用较为广泛的一种栽植方式。特点是行距大于株距，通风透光良好，便于机械管理和采收。栽植株数 = 栽植面积/行距×株距。

(二)正方形栽植

这种栽植方式的特点是株距和行距相等，通风透光良好、管理方便。但若用于密植，树冠易郁闭，光照较差，间作不便，应用较少。栽植株数 = 栽植面积/(栽植距离)^2。

(三)三角形栽植

三角形栽植是株距大于行距，两行植株之间互相错开而成三角形排列，俗称“错窝子”或梅花形。这种方式可提高单位面积上的株数，比正方形多栽 11.6%的植株。但是由于行距小，不便管理和机械作业，应用较少。栽植行数 = 栽植面积/(栽植距离)^2×0.86。

(四)带状栽植

带状栽植即宽窄行栽植。带内由较窄行距的 2~4 行树组成，实行行距较小的长方形栽植。两带之间的宽行距(带距)，为带内小行距的 2~4 倍，具体宽度视通过机械的幅宽及带间土地利用需要而定。带内较密，可增强种植树种群体的抗逆性(如防风、抗旱等)。如带距过宽，可能会减少单位面积内的栽植株数。

(五)等高栽植

适用于坡地和修筑有梯田或撩壕的经济林种植基地。实际是长方形栽植在坡地中的应用。栽植株数 = 栽植面积/株距×行距。

在计算株数时除按照上式计算之外，还要注意“插入行”与“断行”的变化。

(六)大冠稀植

适用于山地种植高大乔木经济林，如核桃每公顷的栽植密度在 90~150 株，没有固定或统一株行距，可常年间种其他经济作物，达到增加早期收入和以短养长的目的。

五、定植技术与栽后管理

(一)栽植方法

1. 裸根苗栽植

将苗木放进挖好的栽植坑之前，先将混好肥料的表土，填一半进坑内，堆成丘状，取计划栽植的品种苗木放入坑内，使根系均匀舒展地分布于表土与肥料混堆的丘上，同时校正栽植的位置，使株行之间尽可能整齐对正，并使苗木主干保持垂直。然后将另一半混肥的表土分层填入坑中，每填一层都要压实，并将苗木轻轻上下提动，使根系与土壤密接。再后将心土填入坑内上层。在进行深耕并施用有机肥改土的经济林基地，最后壅土应高于原地面5～10cm，且根颈应高于壅土面5cm。以保证松土踏实下陷后，根颈仍高于地面。最后在苗木树盘四周筑一环形土埂，并立即灌水。栽后剪去部分枝叶，可提高栽植成活率。

2. 容器苗栽植

先在定植穴内开挖长、宽、深与容器苗相适宜的植苗穴，除去苗木根部的容器，将苗木放入植苗穴内，如果是嫁接苗，则应使嫁接口露出地面3～5cm，将土回填，并踩紧压实。定植后，以苗木根部为中心，做一个直径60～70cm，高出地面5～10cm的土堆，在苗木树盘四周筑一环形土埂，并立即灌水。其他技术方法与裸根苗相同。

3. 大树移栽

由于经济林栽植密度过稀或过密，需要将进入生产期的大树移入或移出，必须进行大树移栽。大树移栽的时期，同前述栽植时期的原则一致。需要注意的是，在前一年春天围绕树干挖半径为70cm、深度80cm的环沟，切断根系后，沟内填入表土，使环沟以内的土团里长出新根，称之为“回根”。移栽时在预先断根处的外方开始挖树。为了保护根系，提高成活率，最好采用大坑带土移栽。栽植时有机肥与表土混合，分层放入坑内并分层压实等与前述相同。移栽前应对树冠进行较重修剪，以不伤及大的骨干枝为度，花芽花序要全部剪掉，以保持地下与地上部的水分平衡，有利于提高成活率。栽植完毕，应灌足水，并设立支柱，以防风害。

计划密植的经济林基地，应按设计的要求，分期分批间移或间伐临时植株，以改善种植地光照，保证永久株持续丰产。间移临时株的时期和方法，同大树移栽。

(二)栽植后管理

为了提高栽植的成活率，促进幼树生长，加强栽植后的管理十分重要。主要管理措施有：

1. 及时灌溉

栽植后如遇高温或干旱应及时灌溉。水源不足，栽植并灌水后，立即用有机质、干草、禾谷类的秕壳、地膜等覆盖树盘，以减少土壤水分蒸发。

2. 幼树防寒

冬季严寒和易发生冻害或幼树抽条(冻旱)的北方地区，或南方亚热带树种种植区有周期性冻害威胁的地区，应注意防寒。

3. 其他管理

除上述管理措施外，及时补植也很重要。栽植当年秋季需对苗木成活率和成活情况进行调查，及时用同龄苗木进行补植。此外，还可根据幼龄基地的管理技术规范进行施肥、整形修剪、病虫防治、土壤管理等，以提高成活率，加速生长，早期丰产。

六、常见经济林栽培方式

(一)纯林栽培

经济林纯林是指由单一经济林树种构成的林分。当存在多个经济林树种时，其中一个树种占整个林分的90%以上。仅种植一个经济林树种的栽培方式称为纯林栽培。纯林栽培个体之间的生态关系比较简单，易引起病虫害等危害。但纯林栽培有利于实施栽培技术措施、标准化管理，达到速生、丰产、优质。

(二)矮化栽培

矮化栽培是利用各种措施促进经济林矮化，进行密植的栽培方式。这种栽培方式有利于提早结果，增加产量，改善品质，减少投入，方便管理，提高土地利用率。生产中常用矮化砧、矮生品种、改变栽植方式和树形、控制根系、控制根冠以及使用生长调节剂等措施达到矮化栽培的目的。目前矮化栽培在苹果、梨等树种上应用较多，已成为现代经济林集约栽培的重要方法。

(三)复合经营

经济林复合经营又叫农林复合经营，是指组成林分的树种、作物的种类搭配科学，表现出结构优化、规范，并有与其相适应的栽培管理、经营配套技术的一种栽培方式。它能达到功能多样、效益高的目的，在一定的范围之内具有普遍的推广应用价值。在同一土地上使用具有经济价值的乔木、灌木和草本作物共同组成多层次的复合人工林群落，达到合理利用光能和地力，形成相对稳定的高产量、高效益的人工生态系统。

(四)庭院栽培

经济林庭院栽培是指在绿化庭园、道路、篱壁、凉台、屋顶等进行立体栽培经济林的一种方式。它能充分利用土地，提高光能利用率，净化空气，减少污染，增加农产品收入。适于庭院栽培的经济林树种很多，可因地制宜加以选择。

（五）保护地栽培

在由人工保护地设施所形成的小气候条件下进行的经济林栽培，又称经济林设施栽培。人工保护地设施是指人工建造的、用于栽培经济林或其他作物的各种建筑物。

第六章

经济林抚育管理

经济林抚育管理是经济林丰产栽培的主要技术内容。经济林营造后，根据经济林树种生长发育的需要，为经济林木营造好光、水、肥、气、热等适宜生态环境，培养良好的树体结构，调节好营养生长和生殖生长之间的关系，才能达到经济林优质、丰产、稳产、高效的栽培目的。经济林抚育管理的主要内容包括经济林地的土肥水管理、树体管理和花果管理。

第一节　经济林土肥水管理

一、土壤管理

土壤是经济林生长与结果的基础，是水分和养分供给的源泉。土壤结构、营养水平、水分状况决定着土壤养分对林木的供给，直接影响着经济林木的生长发育。土壤管理是指土壤耕作、土壤改良、施肥、灌水和排水、杂草防除等一系列技术措施。

(一)土壤深翻熟化

一般经济林应有 80~120cm 的土层，根系集中分布在 30~80cm 范围内，因此土层浅的林地土壤进行深翻改良非常重要。深翻可加深土壤耕作层，改善根际的通透性和保水性，土壤微生物活动增加，杂草和枯枝落叶等有机质分解加快，土壤肥力提高。深翻同时施入有机肥，土壤改良效果更为明显。

1. 深翻时期

深翻熟化土壤一年四季均可进行，但以秋季最佳。

(1)秋季深翻。一般结合秋施基肥进行。此时地上部生长较慢，养分开始积累，深翻后正值根系秋季生长高峰，伤口容易愈合，并可长出新根。如结合灌水，可使土粒与根系迅速密接，有利根系生长。因此，秋季是果园深翻较好的时期。

(2)春季深翻。应在解冻后及早进行。此时地上部尚处于休眠期，根系刚开始活动，生长较缓慢，但伤根后容易愈合和再生。北方多春旱，翻后需及时灌水。早春多风地区，蒸发量大，深翻过程中应及时覆盖根系，免受旱害。风大干旱缺水和寒冷地区，不宜春翻。

(3)夏季深翻。最好在雨季来临前后进行，深翻后降雨可使土粒与根系密接。但要注意经济林木的生育期，如板栗夏季深翻伤根多，会导致刺苞大、坚果小。

(4)冬季深翻。入冬后至土壤结冻前进行，操作时间较长，但要及时盖土以免冻根。如墒情不好，应及时灌水，使土壤下沉，防止露风冻根。如冬季少雪，下一年春季应尽早春灌，北方寒冷地区通常不进行冬翻。

2. 深翻深度

深翻深度以稍深于果树主要根系分布层为度，并应考虑土壤结构和土质状况。如土层薄、砾质土壤、黏性土壤要深翻；而土层深厚、沙质土壤可适当浅些。

3. 深翻方式

深翻方式较多，常用方式有：

(1)深翻扩穴。幼树定植数年后，逐年向外深翻扩大栽植穴，直至株间全部翻遍为止。

(2)隔行深翻。即隔一行翻一行，第二年或几年后再翻未过的行。可以避免伤根过多，行间深翻便于机械化操作。

(3)全园深翻。将栽植穴以外的土壤一次深翻完毕，翻后便于平整土地，有利耕作，但伤根较多，这种方法有利于机械化作业。

不论采取哪种方式，表土和心土要分开，回填表土，施入有机质和有机肥，或下层施入秸秆、杂草、落叶等。注意应尽量避免损伤较大的根系，翻完后立即灌水。

(二)土壤耕作方法

土壤耕作方法又称土壤耕作制度，是指根据经济林对土壤的要求和土壤的性质，对经济林地行、株间的土壤采取某种方法或方式进行管理，常年如此，作为一种特定的方式固定下来，就形成所谓制度。土壤耕作方法归纳为如下几种：

1. 生草法

用种草来控制地面，不耕作。就是在行间播种多年生豆科或禾本科绿肥、牧草作物，也可利用当地的自然植被，视其生长情况和需要，每年定期刈割置于原地，让其自行腐烂或割后移至树盘用作覆盖材料，并每年给生草根茬追施无机肥。生草法的优点是：①能改善土壤理化性质，增加有机质，促进土壤团粒结构的形成；②保水、保肥、保土作用显著；③林地能保持良好的生态平衡条件，地表昼夜和季节温度变化减小，利于根系生长；④便于机械化作业，管理省工、高效。生草法的缺点是：①在一定的生草时期内，草与经济林树种之间有争水争肥矛盾，而且在土壤肥力低、肥水条件较差情况下，此矛盾更为突出，如苜蓿与板栗竞争激烈导致板栗减产；②长期生草，易引起经济林根系上翻以及为病虫害、鼠害等造成潜伏场所，应注意采取喷药和灭鼠等措施。

生草法是当前世界各国普遍采用的方法。实行生草栽培法，必须同时注意增施无机肥和具备灌溉条件。

2. 清耕法

所谓清耕法，是对行、株间土壤常年保持休闲，定期翻耕灭草，不间作任何绿肥作物或农作物。其优点是：①经常中耕除草，通气好；②采收产品容易且干净。其缺点是：①土肥水流失严重，尤其是山地、坡地、沙荒地；②长期清耕，土壤有机质含量降低快，增加了对人工施肥的依赖；③犁底层坚硬，不利于土壤透气、透水，影响根系生长；④无草的林地生态条件不好，害虫的天敌少了；⑤劳动强度大，费时费工。因此，在实施清耕法时应尽量减少次数，总之，清耕法弊病很多，不应再提倡使用。

3. 覆盖法

所谓覆盖法，是指利用各种不同的有机或无机原料，对林地土壤进行地表覆盖。用于覆盖的原料有干、鲜绿肥作物、各种农作物秸秆、杂草、枯枝落叶、生态垫、塑料薄膜等。覆盖法的共同优点是：①土壤地表可冬季保暖，炎夏降温；②减少水分蒸发；③抑制杂草丛生；④减少水土流失，增加土壤养分。覆盖法缺点是：若采取多年长期覆盖，会引起经济林根系上翻，并易成为病虫隐蔽场所。

4. 间作法

间作法是指利用经济林地行、株间甚至树盘间作农作物，如小麦、谷子、棉花、油菜、豆科作物、药材、芳香植物等。其优点是：①充分利用一切空闲地和光能，以增加经济效益；②起到驱避有害生物的作用。在幼树期，因树小行间宽，适当合理间作矮秆或伏地生长的农作物，是一种以短养长的可取之法。此法的缺点是：在地瘦、肥水不充足的情况下，常年过度间作，大量消耗土壤的养分和水分，就必然会加剧林、粮争水争肥矛盾，影响树体正常生长，降低产量和品质；同时还会引起地力逐年下降，形成林、粮双欠收。不顾后果的掠夺性经营管理方式是最不可取的。

二、施肥

（一）经济林施肥原则

1. 以有机肥为主，无机肥为辅，有机无机相结合

在土壤缺乏有机质和各种养分含量较低，土壤结构、质地及酸碱度等均不理想的情况下，一味追求增加化肥施用量，尤其偏施氮肥，虽然能达到提高产量的目的，但同时会造成土壤板结和污染、肥料利用率降低以及单位数量化肥增产幅度逐年下降等。硝态氮肥超标时，不能生产无公害经济林产品。一般生产无公害经济林产品，有机肥用量应占施肥总量的 70%以上。

2. 无机肥料以多元复合肥或专用肥为主

如果常年单施氮肥，忽视磷、钾肥及其他微肥，势必造成土壤中各种元素亏盈不均，比例失调，导致经济林发生某种或几种缺素症，进而造成减产甚至引起树体衰弱和死亡。因此，化学肥料应以多元复合肥料为主。

3. 科学经济有效施肥

以产定量，即通过树体和土壤分析诊断，预计产量、土壤天然供肥量以及肥料当年利用率等，算出各种营养元素的合理施用数量。

4. 无污染

生产无公害、绿色和有机经济林产品，肥料的使用标准不同。有机产品和 AA 级绿色产品严格要求在生产过程中不得使用人工合成的肥料、城市垃圾和其他有害于环境和健康的物质；A 级绿色产品可使用少量的化学合成肥料和垃圾肥料，要经过严格的认证许可；无公害产品可以使用各种化学合成肥料和城市垃圾，但要求不危害环境安全和人们的健康。

（二）施肥量

1. 确定施肥量的依据

（1）参考当地经济林地的施肥量。为求得适宜的施肥数量，应对当地施肥种类和数量进行广泛调查，对不同的树势、产量和品质等综合对比分析，总结施肥结果，确定既能保证树势，又能获得早果、丰产的施肥量，

并在生产实践中结合树体生长和结果的反应，不断加以调整，使施肥量更符合树体要求。

(2)田间肥料试验。根据田间试验结果确定施肥量，这种方法比较可靠，近年来，随着科学的发展，测土施肥方法与设备也日趋完善并简化，易于为广大群众所掌握。

(3)叶分析。经济林叶片一般能及时准确地反映树体营养状况。通过仪器分析可以得知多种元素是不足还是过剩，以便及时施入适量的肥料。这种方法指导经济林施肥和诊断，简单易行且效果好，是目前公认的较成熟的方法。

2. 施肥量的确定方法

要想合理而精确地定出各地、各种经济林以及不同树龄和产量的施肥数量，是一个较复杂而又较困难的问题。平衡配方施肥法，是目前公认较好的方法之一，就是根据经济林的需肥规律、土壤供肥性能与肥料效应，在测定出土壤养分的条件下，提出氮、磷、钾、微肥的比例及用量，以及其相应的施肥技术。它包括目标产量的确定、土壤养分测定、肥料的配方、施肥等基本环节。即经济林每年吸收带走多少营养元素，就补充多少营养元素，投入等于产出。此种施肥法可用一种较为简单的公式来表示，根据已知参数计算出某种肥料的施用量：

$$经济林合理施肥量=\frac{经济林吸收量-天然供肥量}{肥料利用率}$$

要想确定某园某种经济林的合理施肥量，首先要通过取样分析，得知经济林(根、干、枝、叶、花、落果、成熟果实等)的年吸收总量；其次要搞清本园地土壤中，每年在不施肥的情况下，所能提供经济林吸收利用的各种营养成分的大致数量；最后，要了解本地区园地土壤，施用各种肥料的利用率，通过公式算出每年应补充各种肥料的具体数量。

(1)经济林吸收量。所谓经济林吸收量，是指一定面积或千株生长着的某树种从萌芽到落叶休眠的年周期中，因总的生长(包括各个器官部分)所吸收消耗土壤中的一种或多种营养成分的总量。各个树种从春天萌发至冬眠为止的生育期中，在生长器官组织和开花结实时，均要按自身所需要的各种营养元素，按一定比率吸收来自根部的矿质营养。器官和部位不同，吸收数量和比率也有不同。在计算经济林吸收量时，一定要按照某树种各器官发育成熟的先后，分别调查记载花、落果、叶、果实、枝、干、根等各部分的生长总鲜重、总干重，并分析各主要营养元素的百分含量，某器官总干重乘以该器官某营养成分含量，即求得某器官的年吸收总量。最后将各器官吸收总量相加，即为某树种的总吸收量。总吸收量是按单一元素含量分别计算相加而得的。所以总吸收量也是指某一元素的吸收量，如氮的总吸收量、磷的总吸收量、钾的总吸收量等。

(2)天然供肥量。无论何种土壤，在不施肥的情况下，均含有一定数量的氮、磷、钾及其他各种微量元素，供经济林每年吸收利用。这种天然的供肥能力称为天然肥力，其供肥的数量称为天然供肥量。用盆栽或田间对比试验，均可推算出某种土壤中某种营养元素的天然供给量。从我国大量的农业田间试验已得知，各种土壤在一般情况下，肥料三要素的天然供给量大致为：氮吸收量的1/3，磷吸收量的1/2，钾吸收量的1/2。

(3)肥料利用率。无论何种肥料，被施到土壤中，都不可能全部被经济林根系吸收利用。其中必定有一部分将残留在土壤中，转化为难溶性化合物被固定或继续供来年经济林吸收利用；另一部分则由于淋溶或挥发而损失掉。所谓肥料利用率，是指当年所施肥料中的养分被树体吸收的数量，占所施用肥料有效养分含量的百分数。计算公式如下：

$$\text{肥料利用率}(\%)=\frac{\text{经济林吸收的养分含量}}{\text{施用的有效养分含量}}\times 100\%$$

肥料利用率的高低，受气温、土壤条件、肥料种类、形态、施用方法等影响。有机肥料和无机肥料的利用率列于表6-1。

表6-1　常用有机、无机肥料当年利用率

肥料名称	当年利用率(%)	肥料名称	当年利用率(%)
一般土杂肥	15	大豆饼	25
大粪干	25	尿素	35~40
猪粪	30	硫酸铵	35
草木灰	40	过磷酸钙	20~25
菜籽饼	25	硫酸钾	40~50
棉籽饼	25	氯化钾	40~50
花生饼	25	钙镁磷肥	35~40

(4)施肥量。在经济林吸收量、天然供肥量和肥料利用率三个有关参数成为已知数后，便可通过简单公式，推算出某单质肥料的合理施用量。

经济林在年周期内对三要素的吸收量是有变化的，如板栗从发芽开始吸收氮素，新梢停止生长后，果实肥大期吸收最多，磷素在开花后至9月下旬吸收量较稳定，10月以后几乎停止吸收，钾在花前很少吸收，开花期(6月间)迅速增加，果实肥大期达吸收高峰，10月以后急剧减少。

需要注意的是，在生产实际中，求得各种肥料的合理施用量，一般可在所得数值的基础上，再分别增加10%左右的量，以弥补商品肥料含量达不到规定标准含量或估计不到的肥料损失等。

(三)施肥时期

生产上经济林施肥分为基肥和追肥两种。

1. 基肥

经济林基肥是经济林年周期中所施用的基本或基础肥料，是两种施肥形式中最重要的一种，对树体一年中的生长发育起着决定性的作用。施用基肥应以各种腐熟、半腐熟的有机肥为主，适当配以少量无机肥。施用基肥的最佳时期是秋季采收后。秋施基肥正值根系第二或第三次生长高峰，伤根容易愈合，切断一些细小根，起到根系修剪的作用，可促发新根。此时昼夜温差大、光照好，正值雨季或雨季刚过，土壤墒情和地温均宜，土壤中微生物活动旺盛而树体上部各器官基本停止生长，根系仍未停止活动，此时对根部施以有基肥为主的肥料，部分有机肥可腐解矿化，其矿化释放的养分，被根系吸收后，贮藏于树体枝干和根系中，从而提高树体营养水平，有利于花芽充实饱满和增加枝条充实度，使越冬的抗寒性增强，并为翌年开花提供营养；通过施肥翻地，可疏松土壤，提高土壤透气性，使土壤中水、肥、气、热因子得以协调。基肥的施用量应占全年总施用量(按有效养分计算)的1/2~2/3，如枣树丰产园每亩需施有机肥5方。

2. 追肥

追肥是根据经济林木各物候期的需肥特点及时补充肥料，以保证当年丰产的需要和为第二年丰产奠定基础。具体施肥时期、数量及次数，应根据树种、品种、树龄、树势、结果情况或设计产量而定。一般地讲，追肥分为花前、花后、果实膨大期、花芽分化前和采后肥，因为施肥往往伴随灌水，而灌水引来的温度突然下降会影响授粉受精，所以一般花期不施肥。总施肥量约等于全年施肥量(指有效养分含量)减去基肥用量；每次追肥用量视全年追肥次数而定。

（四）施肥方法

1. 土壤施肥

经济林土壤施肥必须根据根系分布特点，将肥料施在根系集中分布层内，便于根系吸收，发挥肥料最大效用。经济林木的水平根一般集中分布于树冠外围稍远处。而根系又有趋肥特性，其生长方向常以施肥部位为转移。因此，将有机肥料施在距根系集中分布层稍深、稍远处，诱导根系向深广生长，形成强大根系，扩大吸收面积，提高根系吸收能力和树体营养水平，增强经济林的抗逆性。

经济林施肥的深度和广度与树种、品种、树龄、砧木、土壤和肥料种类等有关。核桃、板栗等经济林根系强大，分布深而广，施肥宜深，范围也要大些。油茶、蓝莓等根系较浅，分布范围也较小，矮生经济林和矮化砧木根系分布得更浅些，范围也小，施肥深度和广度要适应这一特性，才能获得施肥的良好效果。幼树根系浅，分布范围不大，以浅施、范围小些为宜，随树龄的增大、根系的扩展，施肥的范围和深度也要逐年加深扩大，满足经济林对肥料日益增长的需要。沙地、坡地以及高温多雨地区，养分易淋洗流失，宜在经济林需肥关键时期施入；且要多次薄施，提高肥料利用率，基肥要适当深施，增厚土层，提高保肥、保水能力。

各种肥料元素在土壤中的移动性不同，施肥深度有所不同。如氮肥在土壤中移动性强。即使浅施也可渗透到根系分布层内，供经济林吸收利用。钾肥移动性较差，磷肥移动性更差，故磷、钾肥宜深施，尤以磷肥宜施在根系集中分布层内，才利于根系吸收，以免磷肥在土壤中被固定，影响经济林吸收。为了充分发挥肥效，过磷酸钙或骨粉宜与厩肥、堆肥、圈肥等有机肥料混合腐熟，施用效果较好。基肥以迟效性有机肥或发挥肥效缓慢的复合肥料为主，应适当早施深施；追肥一般为速效性养分，肥效快，可在经济林急需时期稍前施入。施肥效果与施肥方法有密切关系。生产上常用的施肥方法有环状沟施、放射沟施、条沟施肥、全园撒施等。

2. 水肥一体化施肥

随着劳动力成本的提高，水肥一体化土壤管理技术越来越受到重视。水肥一体化技术是将灌溉与施肥融为一体的农业新技术。水肥一体化是借助压力系统（或地形自然落差），将可溶性固体或液体肥料，按土壤养分含量和作物种类的需肥规律和特点，配兑成的肥液与灌溉水一起，通过可控管道系统供水、供肥，水肥相融后，通过管道输送到作物生长发育区域，使主要生长发育区域土壤始终保持疏松和适宜的含水量，同时根据不同的作物的需肥特点，土壤环境和养分含量状况，需肥规律情况进行不同生育期的需求设计，把水分、养分定时、定量，按比例直接提供给作物。经济林一般采用滴灌和渗灌水肥一体化，直接把作物所需要的肥料随水均匀地输送到植株的根部，大幅提高了肥料的利用率，可减少50%的肥料用量，水量也只有沟灌的30%~40%。水肥一体化供肥及时，肥分分布均匀，既不伤根系，又保护耕作层土壤结构，节省劳力，降低成本，提高劳动生产率，对树冠相接的成年树和密植经济林更为适合。

3. 根外施肥

根外施肥有叶面喷肥、树干输液及设施内施放二氧化碳气肥等方法。

叶面喷肥简便易行，用肥量少，发挥作用快，且不受养分分配中心的影响，可及时满足树体的需要，并可避免某些元素在土壤中的消耗。叶片是制造养分的主要器官，但气孔和角质层也具有吸肥特性，一般喷后15~120分钟即可吸收。

三、水分管理

水分是经济林生长发育的重要影响因素，水分管理是经济林抚育管理的重要环节，直接影响经济器官的产量和质量。不同树种、品种，其本身形态构造和生长特点均不相同，凡是生长期长、叶面积大、生长速度快、根系发达、产量高的经济林，需水量均较大；反之，需水量则较小。经济林的水分管理主要包括灌水管理和排水管理。

（一）灌水

1. 灌水时期

不同生育阶段和不同物候期，经济林对需水量有不同的需求。生长前半期，水分供应充足，有利生长与结果；而后半期要控制水分，保证及时停止生长，使经济林适时进入休眠期，做好越冬准备。根据各地的气候状况，在下述物候期中，如土壤含水量低时，必须进行灌溉。

经济林地灌水的适宜时期和次数，因树种、品种、当年雨量及土壤种类而有所不同。正确的灌水时期，不是等到经济林已从形态上显露出缺水状态时再灌溉，而是在树体未受到缺水影响以前进行。否则，树体的生长和发育会受到严重影响。

一般认为，当土壤含水量降到田间最大持水量的40%~60%，接近萎蔫系数时即应灌溉。精确的灌溉时期应当是根据经济林木生长阶段的需水规律和土壤的含水状况来确定。目前，生产上多依据物候期来确定灌溉时间。

(1)萌芽前后。此时土壤中如有充足的水分，可以加强新梢的生长，加大叶面积，增加光合作用，并使开花和坐果正常，为当年丰产打下基础。春旱地区，此期充分灌水更为重要。

(2)花前灌水。北方地区多春旱少雨，花前灌水有利于经济林开花、新梢生长和坐果。

(3)花后灌水。花后灌水在落花后至生理落果前进行，以满足新梢生长对水分的需求，并缓解新梢旺长与果实争夺水分的矛盾，从而减少落果。

(4)新梢生长和幼果膨大期。此期常称为经济林的需水临界期。此时经济林的生理机能最旺盛，如水分不足，则叶片夺取幼果的水分，使幼果皱缩而脱落。如严重干旱时，叶片还将从吸收根组织内部夺取水分，影响根的吸收作用正常进行，从而导致生长减弱，产量显著下降。南方多雨地区，此期常值梅雨季节，除注意均匀供给土壤水分外，还应注意排水。

(5)果实迅速膨大期。此时既是果实迅速膨大期，也是花芽大量分化期，此时及时灌水，不但可以满足果实肥大对水分的要求，同时可以促进花芽健壮分化，从而达到在提高产量的同时，又形成大量有效花芽，为连年丰产创造条件。

(6)果实采收后灌水。果实采收后，正是树体积累营养阶段，叶片光合作用强，结合施采后肥而及时灌溉，有利于根系吸收和光合作用，从而积累大量营养物质。

(7)土壤封冻前灌水。封冻前灌水，是在园地耕层土壤冻结之前进行，以利于经济林安全越冬和减轻风蚀。

2. 灌水量

关于灌水量，因树种、品种、树龄、生长发育的不同时期、土壤含水状况等而不同，主要标准是使灌溉部分的土壤毛管全部充满水。树木灌水过多，通气性差，灌水过少，不能满足需要。

$$\text{灌水量}=\text{灌水面积}\times\text{土壤浸湿深度}\times\text{土壤土粒密度}\times\left(\begin{matrix}\text{田间}\\\text{持水量}\end{matrix}-\begin{matrix}\text{灌溉前}\\\text{土壤湿度}\end{matrix}\right)$$

3. 灌水方法

由于各地的降水量、水源和生产条件不同，所采取的灌溉方法也各异，目前常见的有以下几种：

(1)滴灌。这种方法是机械化与自动化相结合的先进灌溉技术，是以水滴或细小水流缓慢地滴于经济林根系的方法。可节约用水，有利于实现机械化、现代化管理。缺点是常常发生滴头堵塞，影响灌溉均匀度，并且设备成本较高。与此相似但不易堵塞的节水灌溉方法有小管出流、环渗灌等。

(2)喷灌。通过灌溉设施，把灌溉水喷到空中，形成细小水滴再撒至面上。此法优点较多，可减少径流和渗漏，节约用水，减少对土壤结构的破坏，改善园地小气候，省工省力。缺点是灌溉湿润土层较浅，不适于深根性树种应用。

(3)小管出流。是最适于深根性经济林树种采用的节水灌溉方法。此法是每株树布设一个直径4mm的出水管，出水管基部有一个自动流量调节器与毛管相连。它克服了滴灌容易堵塞和喷灌湿润土层较浅、蒸发面较大的缺点，节水效果较好。

(4)沟灌。是按经济林栽植的方式，将一定长度的一行树堆成一定高度的土埂，做成通沟，再依次对每行树进行灌溉。此方式简单易行，同漫灌相比，灌水较集中，用水量少，全园土壤侵蚀均匀。

(5)穴灌。在树冠下开不同形式的沟穴，将水倒入其中，待水浸透后填土。此法常见于水源不足、灌水不便的园地。优点是灌水集中，较省水。缺点是费工费时。与此类似的还有穴贮肥水。

(6)漫灌。常见于地势平坦、水源充足地区，将林地分成若干小区，进行大水全面灌溉。此法优点是灌水时间短，一次灌水量充足，维持时间长。缺点是水的浪费大，土壤侵蚀较重。

(7)埋土罐法。为土法节水灌溉技术，适应干旱缺水果园，具体做法是：成年经济林每株树埋3~4个泥罐，罐口高于地面，春天每罐灌水10~15千克，用土块盖住罐口，一年施尿素3~4次，每次每罐100克。当雨季来到时，土壤中过多的水分可以从外部向罐内透漏，降低土壤湿度，干旱时罐内水慢慢渗出，创造根系生长的适合小气候，此法简单易行。

(二)保水与节水栽培

除了在林地附近修建水库塘坝合理整地蓄水，还可以采取以下经济林保水抗旱栽培措施：

(1)树盘覆盖。在经济林旱作栽培中有较多应用，也可以结合穴贮肥水技术，北方无灌溉条件板栗林，冬春干旱少雨多风常导致板栗雌花少、坐果率低，在秋季降雨后覆膜蓄水大幅缓节春季旱情，提高产量。油茶产区利用生态垫在5~6月蓄积多余降水，用于7~9月解决油茶“七月干果，八月干油”的问题。

(2)径流集水。在干旱或半干旱地区，虽然降水较少，如果将一定面积上的雨水集存起来，其水量仍然是不少的。在许多经济林中都有进行树盘扩穴集水灌溉的成功经验，如核桃、枣、花椒、文冠果、杏、扁桃、枸杞等。

(3)合理修剪。抗旱较为理想的树形是自由纺锤形和细长纺锤形。

(4)合理施肥。增施有机肥，利用水肥耦合效应提高肥、水利用效率。

(三)排水

经济林地要避免长期积水，同时要预防洪涝灾害。林地土壤水分过多，土壤之间的孔隙被水分占据，空气状况恶化，根的呼吸作用受到抑制，导致落叶、落果，严重者根系腐烂，树木死亡；土壤通气不良，微生物活动减弱，从而降低土壤肥力。此外，林地湿度过大，容易导致病虫发生，因此，要注意排水。如无患子、文冠果等林地积水，会导致落叶、落果。平地及低洼地，一般采取明沟排水和暗沟排水两种。山地及坡地，应结合水土保持工程修建排水沟。

第二节　经济林树体管理

经济林树体管理的主要目的：建立科学合理的树体结构，在充分利用光能的基础上，保持树冠通风透光，改善林内小气候，协调营养生长和生殖生长之间的矛盾，调节经济林产品主要器官的数量和质量，保证树木的正常生长发育。具体措施包括整形修剪和树体保护等内容。

一、整形修剪

(一)整形和修剪的含义

整形，是根据不同树种的生物学特性、生长结果习性、不同立地条件、栽培制度、管理技术以及不同的栽培目的要求等，在一定的空间范围内培育一个有效光合面积较大、能负载较高产量、生产优质产品、便于管理的树体结构。

修剪，是根据不同树种生长、结果习性的需要，通过截、疏、缩、放、伤、变等技术措施培养所需要的树形和结果枝组，以保持良好的光照条件，调节营养分配，转化枝类组成，促进或控制生长和发育的技术。

整形是通过修剪完成的，修剪是在一定树形的基础上进行。所以，整形和修剪是密不可分的，是使经济林在适宜的栽培管理条件下获得优质、高产、低耗、高效必不可少的栽培技术措施。

(二)整形修剪的原则

1. 因树修剪，随枝造形

因树修剪，是对整体而言，即在整形修剪中，根据不同树种和品种的生长结果习性、树龄和树势、生长和结果的平衡状态，以及园地所处的立地条件等，采取相应的整形修剪方法及适宜的修剪程度，从整体着眼，从局部入手。所谓随枝造形，是对树体局部而言。在整形修剪过程中，应考虑该局部枝条的长势强弱、枝量多少、枝条类别、分枝角度的大小、枝条的延伸方位，以及开花结果情况。同时，必须在对全树进行准确判断的前提下，考虑局部和整体的关系，才能形成合理的丰产树体结构，获得长期优质、稳产和高效。因此，因树修剪，随枝造形是经济林整形修剪中应首先考虑的原则。

2. 有形不死，无形不乱

在整形修剪过程中，要根据树种和品种特性，确定选用何种树形，但在整形过程中，又不完全拘泥于某种树形，而是有一定的灵活性。对无法成形的树，也不能放任不管，而是根据生长情况，使其主、从分明，枝条不紊乱。

3. 轻重结合，灵活运用

轻剪为主，轻重结合，因树制宜，灵活运用。经济林整形修剪，毕竟要剪去一些枝叶，这对树体来说无疑是有抑制作用的。修剪程度越重，对整体生长的抑制作用也越强。在整形修剪时，应掌握轻剪为主的原则，尤其是进入盛产期以前的幼树，修剪量更不能过大。

轻剪虽然有利于扩大树冠、缓和树体长势和提早结果，但从长远着想，还必须注意树体骨架的建造，因此，必须在全树轻剪的基础上，对部分延长枝和辅养枝进行适当重剪，以建造牢固的骨架。由于构成树冠整体的各个不同部分，其生长位置和生长状态不可能完全一致，因而修剪的轻重也就不可能完全一样。

4. 平衡树势，主从分明

平衡树势，指整形修剪时，要使树冠各个部分的生长势力保持平衡，以便形成圆满紧凑的树冠。生长势力保持平衡主要指以下三方面：①同层骨干枝之间的生长势力要基本平衡，以保证树冠均衡发展，避免偏冠。如对强主枝的延长枝适当短留，多疏枝，加大开张角度，多留花果以削弱生长；对弱主枝的延长枝在留壮芽带头的前提下适当长留，少疏枝，提高角度，少留甚至不留花果，以促进生长。②上下层骨干枝之间的生长势力要均衡。即上层骨干枝要弱于下层骨干枝，如出现上强下弱，则要通过修剪控上促下，恢复平衡。但上部骨干枝也不能过弱，如上层太弱，则要控下促上，以充分利用上层空间结果，提高产量。③树冠内外枝条的生长势力要均等。如树冠外围枝条生长过强，内膛枝条过弱，需控制外围枝生长势力，外围多疏枝、轻剪，缓和势力；内膛枝短截、回缩，促使复壮。反之，如外围枝过弱，内膛枝过强，则要控制内膛枝，促进外围枝，恢复平衡。

所谓主从分明，即中干要保持优势，以便于各层主枝的安排；主枝更强于侧枝，以便安排侧枝、培养枝组和扩大树冠；侧枝要强于枝组，以便扩大树冠和在侧枝上安排培养枝组；骨干枝要强于辅养枝，否则会造成树冠结构紊乱。

5. 统筹兼顾，长远安排

整形修剪是否合理，对幼树生长快慢、结果早晚、产量高低以及盛果期能否高产稳产、经济寿命长短均有重要影响。通过整形修剪，必须做到使幼树快长树、早丰产，又要养好合理的树体结构，为将来的高产稳产打好基础，做到整形结果两不误。短期利益和长期利益相结合。片面强调早结果而忽视合理树体结构的建造，以及只强调整形而忽视早期产量的提高都是错误的。进入盛果期后，同样要做到生长和结果兼顾，片面强调高产而忽视维持健壮的树势，会造成树势衰弱，导致大、小年现象严重，缩短经济寿命。在加强土肥水综合管理的基础上，通过修剪，使结果适量，维持树势强健，才能长期丰产，延长经济寿命。

（三）整形修剪的依据

1. 树种和品种的生物学特性

树种、品种不同，其生物学特性各有差异。在萌芽率、成枝力、分枝角度、枝条硬度、结果枝类型、花芽形成难易和坐果率高低等方面，都不尽相同。因此，根据不同树种和品种的生长结果习性，采取有针对性的整形修剪方法，做到因树种和品种进行修剪，是经济林整形修剪最基本和最重要的依据。

2. 修剪反应的敏感性

即对修剪反应的程度差别。修剪稍重，树势转旺，稍轻，树势又易衰弱，为修剪反应敏感性强。反之，修剪轻重虽有所差别，但反应差别却不十分显著，为修剪反应敏感性弱。修剪反应敏感品种，修剪要适度，宜进行细致修剪；修剪反应敏感性弱的品种，修剪程度较易掌握。修剪反应是修剪的主要依据，也是检验修剪量的重要标志。修剪反应不仅要看局部表现，也就是看剪口或锯口下枝条的生长、成花结果情况，还要看全树的总体表现，即生长势强弱、成花多少以及坐果率的高低等。修剪反应的敏感性与气候条件、树龄和栽培管理水平也有关系。西北高原，气候冷凉，昼夜温差大，修剪反应敏感性弱。一般幼树反应较强，随着树龄增大而逐步减弱。土壤肥沃、肥水充足，反应较强；土壤瘠薄、肥水不足，反应就弱。树种不同，对修剪的反应不同。

3. 树龄和树势

年龄时期不同，生长和结果状况不同，整形和修剪的目的各不相同，因而所采取的修剪方法也不一样。幼树至初产期，一般长势很旺，枝条多直立，结果很少。在整形修剪上，以整形为主，加速扩大树冠，促进提早结果，修剪程度要轻，可长留长放。盛产期以后，长势渐缓，枝条多而斜生，开始大量结果，并达到一生中的最高产量。修剪的主要任务是保持健壮树势，以延长盛果期年限。修剪程度应适当加重，并应细致修剪，使营养枝与结果枝有一定的比例。随着树龄的增大和结果数量的增多，树势逐渐衰弱而进入衰老期。修剪的主要任务是注意更新复壮，维持一定的结果数量。

4. 栽植密度和栽植方式

栽植密度和栽植方式不同，其整形修剪的方法也不同。栽植密度大的树种，应培养成枝条级次低，小骨架和小冠形的树形，修剪时要强调开张枝条角度，抑制营养生长、促进花芽形成，防止树冠郁闭和交接，以便提早结果和早期丰产。对栽植密度较小的树种，则应适当增加枝条的级次和枝条的总数量，以便迅速扩大树冠，增加产量。

5. 立地条件和栽培管理水平

立地条件和栽培管理水平不同，经济林的生长发育和结果多少是大不一样的，对修剪反应也各不相同。在土壤瘠薄、干旱的山地、丘陵地，树势普遍较弱，树体矮小，树冠不大，成花快，结果早，但单株产量低，对这种林地，在整形修剪时，要注意定干要矮，冠形要小，骨干枝要短，少疏多截，注意复壮修剪，以维持树体的健壮长势，稳定结果部位。反之，在土层深厚、土质肥沃、肥水充足、管理技术水平较高的林地，树势旺，枝量大，营养生长强于生殖生长，因而成花较难，结果较晚。整形修剪时应注意采用大、中型树冠，树干也要适当高些，轻度修剪，多留枝条，主枝宜少，层间距应适当加大。除适当轻剪外，还应注意夏季修剪，以延缓树体长势，促进成花结果。

（四）经济林树体结构

乔木经济林的地上部包括主干和树冠两部分。树冠由中心干、主枝、侧枝和枝组构成。其中，中心干、主枝和侧枝构成树冠的骨架，统称骨干枝（图 6-1）。

经济林树体的大小、形状、结构、间隔等，影响群体光能利用和劳动生产率，因此，合理分析和制定不同条件下树体的结构，对经济林栽培有重要意义。

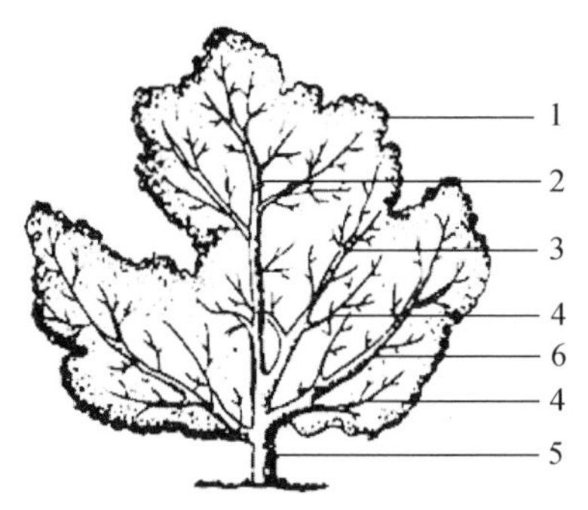

图 6-1　经济林树体构成

1. 树冠　2. 中心干　3. 主枝　4. 副主枝　5. 主干　6. 枝组

1. 树体大小

树体高大，可以充分利用空间、立体结果和延长经济寿命，但成形慢，早期光能利用差；叶片、果实与吸收根的距离加大，枝干增多，有效容积和有效叶面积反而减少；同时，树冠大，一般影响品质和降低劳动效率。因此，在一定范围内缩小树体体积，实行矮化密植，已成为经济林栽培现代化的主要方向。当然，树体不是越小越好，树体过小就会使结果平面化，影响光能利用，并带来用苗多、定植所需劳力多、造林费用大的缺点。

2. 树冠形状

经济林树冠外形大体可以分为自然形、扁形（篱架形、树篱形）和水平形（棚架形、盘状形、匍匐形）三类。在解决密植与光能利用、密植与操作的矛盾中，以扁形最好。群体有效体积，树冠表面积均以扁形最大，自然形其次，水平形最小。因此，一般说来，扁形产量高，品质较好，操作较方便。水平形树冠受光最佳，品质最好，并适于密植，可提早结果，也利于机械化修剪和采收等，虽然产量较低，但在经济效益上有可能超过扁形。

3. 树高、冠幅和间隔

经济林树高决定劳动效率和光能利用，也与树种特性和抗灾能力等有关。从光能利用来说，要使树冠基部在生长季节得到充足的光照，同时立体结果。多数情况下树高为行距的 2/3 左右。

冠幅和间隔与树冠厚度密切相关，采用水平形时，树冠很薄，光照良好，则冠幅不影响光能利用，其间隔越小，则光能利用越好，水平棚架在棚下操作，可不留间隔。经济林一般在树高约 3m、冠厚约 2. 5m 的条件下，冠幅 2. 5~3m 为宜。行间树冠必须保持一定间隔，以便于操作。

4. 干高

主干低则树冠与根系养分运输距离近，树干消耗养分少，有利于生长，树势较强，发枝直立，有利于树冠管理，但不利于地面管理；有利于防风积雪、保温保湿，但通风透光差。一般树姿直立，干可低些；树姿开展、枝较软的，干宜高些；灌木或半灌木经济林，干宜低；大冠稀植，干宜高；矮化密植，干宜矮；大陆性气候，一般干宜低；海洋性气候，干宜高，以利于通风透光，减少病害。实行机械耕作，干要适当提高。

5. 叶幕结构和叶幕配置

叶幕结构和叶幕配置方式不同，叶面积指数和叶幕的光能利用差异很大。如叶片水平排列，其叶面积指数最多为 1，若叶片均匀地分布在垂直面上，其叶面积指数为 3；如这些叶片呈丛状均匀地分布在垂直面上，每丛叶面积指数可达 3，整体叶面指数可达 9。

树冠结构也影响经济林群体叶幕配置和光能利用。树冠层间距与最终树冠大小成正相关；树冠矮小，光照充足，则无须分层。

6. 骨干枝数目

骨干枝构成树冠的骨架，担负着树冠扩大，水分、养分运输和承担果实重量的任务。因为它不直接生产果实，属于非生产性枝条。所以，原则上在能充分占领空间的条件下，骨干枝越少越好，可避免养分过多地消耗在建造骨干枝上。一般树形大，骨干枝要多，树形小，骨干枝要少。发枝力弱的骨干枝要多，发枝力强的，骨干枝要少。

有中心干的树形可使主枝和中心干结合牢固，且主枝可上下分层，因此，有利于立体结果和提高光能利用。有中心干的大冠树形，树冠容易过高，上部担负产量较少，影响光照，对改善果实品质不利。因此，要注意培养层性，并采取延迟开心措施，以改善光照条件。在现代经济林栽培中，对果实品质要求越来越高，也可将有中心干的大冠树形，改为单层的自然开心形。无中心干的开心形，树冠矮，光照好，对生产优质果实有利，但不利于机械化作业。在矮化密植的果园中，采用有中心干的纺锤形或圆柱形等，由于冠径小和高度矮，虽然有中心干也不明显分层，同样能合理利用空间，对果实品质有利。

7. 主枝分枝角度

主枝与主干的分枝角度对结果早晚、产量高低影响很大，是整形的关键因素之一。角度过小，则树冠郁闭，光照不良，生长势强，容易上强下弱，花芽形成少，早期产量低，后期树冠下部易光秃，影响产量，操作不便，且容易劈折。实践证明，主枝基角在 30°～45°范围内，分枝基角越大，负重力越大。主枝腰角大，则树冠开张，生长势弱，花芽易形成，早期产量高，但易早衰。主枝腰角一般以60°～80°为宜，但多数幼树的主枝角度都偏小，应使其开展。在整个主枝上，一般应腰角大些，基角其次，梢角小一些(图 6-2)。

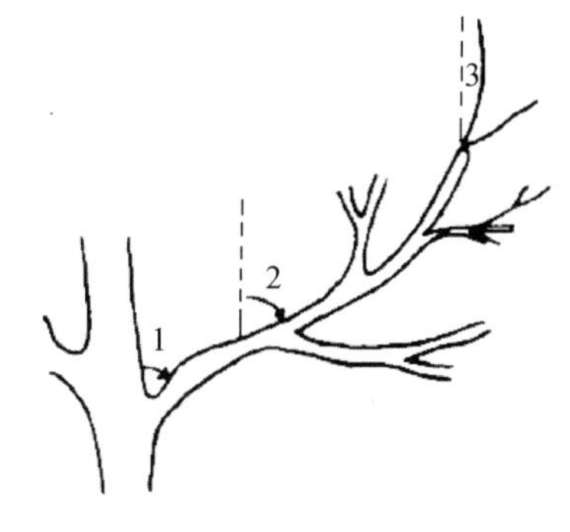

图 6-2　主枝分枝角

1. 基角　2. 腰角　3. 梢角

8. 从属关系

各级骨干枝，必须从属分明，使结构牢固。一般骨干枝粗与所着生枝粗之比不超过 0.6，如两者粗细接近，则易劈裂。

9. 骨干枝延伸

骨干枝延伸，有直线和弯曲两种。一般直线延伸的，树冠扩大快，生长势强，树势不易衰，但开张角度小的，容易上强下弱，下部内部易光秃，不易形成大型枝组或骨干枝；弯曲延伸的，在弯曲部位容易发生大型枝组或骨干枝，树冠中下部生长强，不易光秃。

10. 枝组

枝组也称单位枝、枝群或结果枝组。它是经济林叶片着生和开花结果的主要部分。整形时，要尽量多留，为增加叶面积、提高产量创造条件。

11. 辅养枝

辅养枝是整形过程中，除骨干枝以外留下的临时性枝，幼树要尽量多留辅养枝。一方面可缓和树势和充分利用光能和空间，达到早结果、早丰产的目的；另一方面可以辅养树体促进生长。但整形时，要注意将辅养枝与骨干枝区别对待，随着树体长大，光照条件变差，要及时将其去除或改为枝组。

(五)经济林主要树形

经济林采用的主要树形分两大类，有中心干形、无中心干形和无骨干形。当前生产上常用树形有疏散分层形、纺锤形、自然开心形、棚架和篱架形等，随着栽培密度的提高，树形由大变小，由单株变群体，由自然形变为扁形、骨干枝由多变少、由直变弯、由斜变平；由分层变为不分层。

典型和常用的树形如下：

1. 疏散分层形

一般主枝分为三层，第一层3个，第二层2~3个，第三层1~2个，层间距须在100~140cm。此形符合有中心干的经济林树种的特性，主枝数适当，造形容易，骨架牢固。

2. 纺锤形

由主干形发展而来。树高2.5~3m，冠幅3m左右，在中心干四周培养多数短于1.5m的水平小主枝，小主枝单轴延伸，直接着生结果枝组；小主枝不分层，上短下长。适用于多数树种，如李等。它修剪轻，结果早。在此基础上又发展了细长纺锤形、改良纺锤形和垂帘形。

3. 自然开心形

在主干上错落着生3个主枝，其先端直线延伸，在主枝的侧外方分生侧枝。树冠中心仍保持空虚。此形符合核果类树种的生物学特性，整形容易。主枝结合牢固，树体健康长寿。树冠开心，侧面分层，结果立体化，结果面积大，产量高。此形符合干性弱、喜光性强的树种，树冠开心，光照好，容易获得优质果品，但不利于大型机械作业。

4. 自然圆头形

自然圆头形又名自然半圆形。属于无中心干的树形。过去管理粗放的柿、杏、枣、栗等树种常用此形。主干在一定高度截断后，任其自然分枝，疏去过多的骨干枝，适当安排主枝、侧枝和枝组，自然形成圆头形。此形修剪轻，树冠构成快，造形容易，但内部光照较差，影响品质，树冠无效体积多。

5. 丛状形

丛状形适用于灌木经济林树种，如榛子、蓝莓、无花果等。无主干或主干甚短，贴地分生多个主枝。形成中心郁闭的圆头丛状形树冠。此形符合这类树种的自然特性。整形容易，主枝生长健壮，不易患日灼病或其他病害；修剪轻，结果早，早期产量高。但枝条多，影响通风透光和品质；无效体积和枝干增加。后期也影响产量提高。

6. 篱架形

常用于蔓性经济林树种，整形方便，且可固定植株和枝梢，促进植株生长，充分利用空间，增进品质。不过需要设置篱架，费用、物资增加。常用的树形有：

(1)双层栅篱形。主枝两层近水平缚在篱架上，树高约2m，结果早，品质好，适于在光照少、温度不足处应用。

(2)单干形。也称独龙干形，常用于旱地葡萄栽培。全树只留一个主枝，使其水平或斜生，其上着生枝组，枝组采用短截修剪。此形整形修剪容易，适于机械修剪和采收，但植株旺长时难于控制。

(3)双臂形。亦称双龙干形，与单干形基本相似。所不同的是单干形只有一个主枝，双臂形有两个主枝向左右延伸，其用途和优缺点与单干形相似。

7. 棚架形

棚架形主要用于蔓性经济林树种，如猕猴桃等。棚架形式很多，依大小而分为大棚架和小棚架。通常称架长6m以上的为大棚架，6m以下的为小棚架。依倾斜与否分为水平棚架和倾斜棚架。在平地，无须埋土越冬的常用水平棚架和大棚架；在山地，需要埋土越冬的常用小棚架和倾斜棚架。棚架整形一般常用树冠向一侧倾斜的扇面形、四周平均分布的“X”形或“H”形等。扇面形造形容易，可自由移动，架面容易布满。有利于修理棚架，在旱地也便于防寒。“X”形、“H”形等，由于主蔓向四周分布均匀，主干居于树冠中央，所以养分输送较扇面形方便，树冠生长势较强。

(六)修剪时期

修剪时期是指年周期内修剪的时期。就年周期来说，分为休眠期修剪(冬季修剪)和生长期修剪(夏季修剪)。生长期修剪又细分为春季修剪、夏季修剪和秋季修剪。过去强调冬季修剪而忽视生长期修剪。现在，随着栽培方式的发展改革，大多数经济林树种也重视生长期修剪。尤其对生长旺盛的幼树更为重要。

1. 休眠期修剪

休眠期修剪又称冬季修剪。是指在正常情况下，从秋季落叶到春季萌芽前所进行的修剪。经济林在深秋或初冬正常落叶前，树体贮备的营养逐渐由叶片转入枝条，由一年生枝转向多年生枝，由地上部转向根系并贮藏起来。因此，冬季修剪最适宜的时间是在经济林完全进入休眠以后，即被剪除的新梢中贮存养分最少的时候。修剪过早或过晚，都会损失较多的贮备营养，特别是弱树更应选准修剪时间。

2. 生长期修剪

生长期修剪又称夏季修剪。就是从春季萌芽至秋冬落叶前进行的修剪。生长期修剪一般又分为春季修剪、夏季修剪和秋季修剪。

(1)春季修剪。春季修剪也称春季复剪，是冬季修剪的继续，也是补充冬季修剪不足的适宜时间。春季修剪的时间在萌芽后至花期前后。除核桃外，许多树种都可春剪。采取轻剪、疏枝、刻伤、环剥等措施，缓和树势，提高芽的萌发力，促生中、短枝，在枝量少、长势旺、结果晚的树种、品种上较为适用；通过疏剪花芽，调整花、叶芽比例，有利于成年树的丰产、稳产；疏除或回缩过大的辅养枝或枝组，有利于改善光照条件，增产优质果品。但由于春季萌芽后，树体的贮备营养已经部分地被萌动的枝、芽所消耗，一旦将这些枝、芽剪去，下部的芽重新萌发，会多消耗养分并推迟生长。春季修剪量不宜过大，剪去的枝条数量不宜过多，而且不能连年采用，以免过度削弱树势。

(2)夏季修剪。夏季树体内的贮备营养较少，修剪后又减少了部分枝叶量，所以，夏季修剪对树体的营养生长抑制作用较大，因而修剪量宜轻。夏季修剪，只要时间适宜、方法得当，可及时调节生长结果的平衡关系，促进花芽形成和果实生产。充分利用二次生长，调整或控制树冠，有利于培养枝组。

(3)秋季修剪。秋季修剪的时间是在年周期中新梢停长以后，进入自然休眠期以前。此时树体开始贮藏营养，进行适度修剪，可使树体紧凑，改善光照条件，充实枝芽，复壮内膛枝条。秋剪时疏除大枝后所留下的伤口，第二年春天剪口的反应比冬季修剪的弱，有利于抑制徒长。秋季修剪也和夏季修剪一样，在幼树和旺树上应用较多，对抑制密植园树冠交接效果明显。其抑制作用较夏季修剪弱，但比冬季修剪强，而且削弱树势不明显。

(七)修剪方法

1. 冬季修剪方法

(1)短截。又称短剪，即剪去一年生枝梢的一部分，是冬季修剪常用的一种基本方法。短截可增加新梢和枝叶量，减弱光照，有利于细胞的分裂和伸长，从而促进营养生长。短截可以改变不同类别新梢的顶端优势，调节各类枝间的平衡关系，增强生长势，降低生长量。因短截程度、部位不同，又分为轻短截、中短截、重短截、极重短截。

(2)疏剪。又称疏删、疏除，是将枝梢或幼芽从基部去掉。疏剪包括冬剪疏枝和夏剪疏梢。疏除枝梢，可减少枝叶量，改善光照条件，利于提高光合效能。疏剪有利于成花结果和提高果实品质。重度疏剪营养枝，可削弱整体和母枝的生长量，但疏剪果枝可以提高整体和母枝的生长量。疏剪对伤口上部的枝梢有削弱作用，而对伤口下部的枝梢有促进作用，疏枝越多，对上部的削弱和对下部的促进作用也就越明显。因此，可以利用疏剪的办法控制上强。

(3)长放。又称甩放，即对枝条任其连年生长而不进行修剪。枝条长放留芽多，抽生新梢较多，因生长前期养分分散，有利于形成中短枝，而生长后期得以积累较多养分，促进花芽分化。因此，可以使幼旺树、旺枝提早结果。营养枝长放后，增粗较快，可用以调节骨干枝间的平衡，但运用不当，会出现树上长树的现象，并削弱原枝头生长。

(4)缩剪。又称回缩，即在多年生枝上剪截。一般修剪量大，刺激较重，有更新复壮的作用，多用于枝组或骨干枝更新、控制辅养枝等。回缩后的反应强弱，取决于缩剪的程度、留枝强弱以及伤口的大小和多少。缩剪后伤口较小，留枝较强而且直立时，可促进生长；缩剪后所留伤口较大，留弱枝、弱芽，或所留枝条角度较大，则抑制营养生长而有利于成花结果。所以，缩剪的程度，应根据实际需要确定，同时还应考虑树势、树龄、花量、产量及全树枝条的稀密程度，而且要逐年回缩，轮流更新，不要一次回缩过重，以免出现长势过强或过弱的现象，影响产量和效益。

(5)目伤。又叫刻芽，是在一年生冬芽上方 0.5cm 左右处，用刀或小钢锯条刻伤皮层，深达木质部。可以促进下部芽萌发，增加枝叶量。

2. *夏季修剪方法*

(1)抹芽。也叫掰芽。在发芽后，去掉多余的芽子，以便集中营养，使保留下来的芽子能够更好地生长发育。

(2)摘心和剪梢。摘除幼嫩新梢先端部分称为摘心，当新梢已木质化时，剪截部分新梢称为剪梢。摘心和剪梢一般在新梢旺长期，当新梢长达 20cm 左右时进行。其主要作用为：增加枝量，扩大树冠；控制营养生长；利用背上枝培养结果枝组；提高坐果率，花期或落花后，对果台枝及邻近果枝的新梢进行摘心，可提高坐果率，特别是果台枝生长旺盛的品种，效果更好。

(3)扭梢和捋枝。扭梢是于 5 月上旬至 6 月上旬，新梢尚未木质化时，将背上的直立新梢、各级延长枝的竞争枝，以及向里生长的临时枝，在基部 15cm 左右处轻轻扭转 180°，使木质部和韧皮部都受轻微损伤，但不能折断。扭梢后的枝条长势大为缓和，至秋季不但可以愈合，而且很可能形成花芽，即使当年不能，第二年一般也能形成花芽。扭梢过早，新梢尚未木质化，组织幼嫩，容易折断，叶片较少，难以成花；扭梢过晚枝条已木质化，脆而硬，较难扭曲，用力过大又容易折断，或造成死枝。

捋枝也叫拿枝或枝条软化，是控制一年生直立枝、竞争枝和其他旺盛生长枝条的有效措施。其方法是在 5 月间，从枝条基部开始，用手弯折枝条，听到有轻微的“叭叭”的维管束断裂响声，以不折断枝条为度。如枝条长势过旺、过强，可连续捋枝数次。直至枝条先端弯成水平或下垂状态，而且不再复原。经过捋枝的枝条，削弱了顶端优势，改变了枝条的延伸方向，缓和了营养生长，有利于形成花芽。

(4)环剥、环割和环刻。是将皮层剥去一段或整圈切断的方法。这些措施的主要作用是：①中断有机物质向下运输，暂时增加环剥以上部位碳水化合物的积累，使含水量下降。而环剥以下部位则相反。②阻碍环剥以上部分的正常生长。③阻碍矿质营养元素和水分的运输。④改变激素、酶和核酸的平衡等从而达到调节树体长势，促进成花的目的。

正确运用环剥技术要注意以下几点：

第一，环剥的时间，一般以春季新梢即将停长、叶片大量形成以后，在最需要光合产物的时候、落花落果期、果实膨大期、花芽分化期以前进行比较合适。这样既可以保证必要的新梢生长，又可短期增加剥口以上部位光合产物的供应。

第二，环剥带一般不宜过宽也不要过窄。环剥过宽不能愈合，严重抑制树体生长，甚至造成死树；环剥过窄愈合过早，不能达到环剥的目的。

第三，环剥不宜过深过浅，过深伤其木质部，甚至造成环剥枝梢死亡；过浅韧皮部残留，效果不明显。

第四，为了防止伤口不利影响，可用环割、绞缢、倒贴皮代替，尤其倒贴皮效果较好。

(5)倒贴皮。为控制幼龄旺树的营养生长，在枝干的适当部位，整齐地剥下一段树皮。倒转过来贴到原来的部位。应用此项技术时速度要快，不要在阴雨和大风天进行，以免影响成活。技术不熟练时应慎用。

(6)大扒皮。是在主干上采取的抑制旺长、促进成花的一项技术措施。扒皮的时间一般在 5～6 月间的晴天，扒皮时以不损伤形成层为原则，否则，将造成树体死亡。

扒皮和环剥的区别是：扒皮后如不破坏形成层，可重新形成新树皮，伤口愈合好；环剥后形成的愈伤组织显著膨大。扒皮除对促进成花有作用外，还可清除潜藏于翘皮和裂缝中的病虫，减少病虫为害，增强抗腐烂病的能力。

(7)开张角度。开张角度是整形修剪工作中的主要措施之一。其内容包括撑枝、拉枝、别枝、捋枝等。加大枝条的开张角度，可以减缓直立枝条的顶端优势，利于枝条中、下部芽的萌发和生长，防止下部光秃。直立枝拉平以后，可以扩大树冠，改善光照条件，充分利用空间。枝条的角度开张以后，碳水化合物的含量有所增加，营养生长缓和，促进花芽形成的效果比较明显。开张角度的适宜时期为秋季枝条停长前后，此时为枝条加粗生长期，开张角度后容易固定。来不及时也可在春季进行。

(八)修剪技术的综合运用

由于修剪时期、修剪程度和修剪方法的不同，同一修剪技术的反应也不一样。因此，应针对生产中存在的具体问题，灵活选用相应的修剪措施。

1. 调节生长势

为增强树体长势，应适当加重并提早冬剪，夏季轻剪。为抑制树的旺长，可减轻并延迟冬季修剪，而加重夏剪。如树势特别旺，可不进行冬季修剪，而于春季萌芽后再剪。但此时修剪削弱树势严重，所以，不能连年使用。为了增强全树的长势，可采用少留枝、留强枝、顶端不留果枝的修剪方法。如为削弱全树长势，则需多留枝、留弱枝和多留果枝。

2. 调整枝条角度

为加大枝条角度，可在生长季节于适宜部位摘心，促生二次枝，利用活枝条，开张枝条角度。通过外力进行拉、撑、坠、扭等方法将新梢拉开。为缩小枝条角度，可选留上枝、上芽作为带头枝，或采取换头的方法，即采用较直立的枝头代替原枝头。

3. 调节枝梢密度

为增加新梢密度，可采用延迟修剪、摘心、目伤促芽、枝条扭曲或骨干枝弯曲上升等修剪措施；也可采用短截的方法，增加分枝。为减少新梢密度，可采用疏枝、长放和加大分枝角度等修剪措施。

4. 调节花芽量

为促进幼树成花或增加花芽数量，可采用轻剪、长放、疏剪和拉枝等措施，缓和营养生长，促进花芽形成；也可采用环割、扭梢或摘心等措施，使所处理的枝梢增加营养积累，促进形成花芽。但这些措施都必须在保证树体健壮生长和必需枝叶量的基础上进行。为了减少老、弱树的花芽数量，可于冬季重剪，生长期轻剪，增强树势，促进枝梢生长。为增加旺树的花芽数量，可在花芽分化前疏去过密枝梢，加大主枝角度，改善光照条件，增加营养积累，促进花芽形成。

5. 保花保果

通过修剪改善花果营养供应，可以减少落花落果，具体途径有：

(1)调节各器官的比例。按丰产优质指标保持各器官合理数量和比例，如通过修剪保留合理花芽量，保持合理花芽叶芽比例、结果枝和更新枝比例、长短枝比例和枝梢合理间隔等，以促进营养的制造、积累和合理分配，改善花果营养供应。

(2)调节枝梢生长强度。如强树强枝轻剪缓放；弱树弱枝重剪短截，使枝梢适度生长，有利于花果的营养供应。停梢后改善光照，增加贮藏营养，壮梢壮芽；停梢前扭梢、剪梢、摘心、拉枝、断根以及辅养枝环割等，可以改善光照，控梢保果。

6. 枝组的培养和修剪

根据树种特性，合理培养和修剪枝组是提高产量，特别是防止大小年和防止老树光秃的重要措施。

随着树冠的形成，要不失时机逐级选留培养枝组。整形中保持骨干枝间适当距离，适当加大主枝分枝角，骨干枝延长枝适当重剪以及必要的骨干枝弯曲延伸都与枝组形成有密切关系。在整个树冠中，枝组分布要里大外小、下多上少、内部不空、透光通风。在骨干枝上要大、中、小型枝组交错配置，最好呈三角形分布，防止齐头并进。枝组间隔要适度，一般以枝组顶端间隔距离与枝组长相似为宜。对于大型树冠，一般幼树以小型枝组结果为主，老树主要靠大中型枝组结果，因此，特别要注意利用强枝培养大中型枝组。枝组培养方法有：

(1)先放后缩。枝条缓放拉平后，可较快形成花芽，提高徒长性结果枝的坐果率，待结果后再行回缩。对生长旺盛的树种，为提早丰产，常用此法。但要注意从属关系，不然缓放几年容易造成骨干枝与枝组混乱。

(2)先截后放再缩。对当年生枝留 20cm 以下短截，促使靠近骨干枝分枝后，再去强留弱，去直留斜，将留下的枝缓放，再逐年控制回缩成中型或大型枝组。这种方法，常用于培养永久性枝组，特别多用于直立旺长的内生枝或树冠过空时应用。这种剪法，可冬夏结合。利用夏季剪梢加快枝组形成或削弱过强枝组，如对桃直立性徒长枝，在冬季短截后翌年初要连续2~3次将其顶梢连基枝一段剪去，则很快削弱其生长势而形成良好枝组。

(3)改造大枝。随着树冠扩大，大枝过多时，可将辅养枝缩剪控制，改造成为大中型枝组。

(4)枝条环割。对长放的强枝于5~6月间在枝条中下部进行环割。当年在环割以上部分形成充实花芽，次年结果，以下部分能同时抽生1~2个新枝，待上部结果后在环割处短截，即形成中小型枝组。

(5)短枝型修剪。一般在骨干枝上将生长枝于冬季在基部潜伏芽处重短截，翌年潜伏芽抽梢如仍过强，则于生长季梢长30cm以内时，再留基部2~4叶重短截，使其当年再从基部抽梢。如此1~2年连续进行2~4次重短截，一般可抽生短枝，形成花芽。

7. 夏季修剪和冬季修剪密切配合

特别是幼树和密植果园，夏季修剪已成为综合配套修剪技术的重要组成部分，其作用不是冬季修剪所能代替的。夏剪能克服冬剪的某些消极作用，冬剪局部刺激作用较强，通过抹芽、摘心、扭梢、拿枝、环切或环剥等夏剪方法，可缓和其刺激作用。夏剪是在经济林生命旺盛活动期间进行，能在冬剪基础上，迅速增加分枝、加速整形和枝组培养。尤其在促进花芽形成和提高坐果率方面的作用比冬剪更明显。夏剪及时合理，还可使冬剪简化，并显著减轻冬季修剪量。

8. 修剪必须与其他农业技术措施相配合

修剪是经济林综合管理中的重要技术措施之一，只有在良好的综合管理基础上，修剪才能充分发挥作用。虽然其他农业技术措施代替不了修剪的作用和效果。但是，优种优砧是根本，良好的土肥水管理是基础，防治病虫是保证，离开这些综合措施，单靠修剪是生产不出优质高产的果品的。

二、树体保护

(一)刮树皮及涂保护剂

随着年龄增加，树皮增厚缺乏伸展性，妨碍树干的加粗生长，易使树体早衰，且老树皮的裂缝，是许多病虫的越冬场所。因此，刮除老皮，集中烧毁，既能消灭病虫，又能促进树体生长，恢复树势。适合刮皮的树种有栗、枣等。

刮树皮的时间，在气候较温暖的地区，休眠期都可进行。在寒冷地区为防止冻害，一般在严寒期过后至发芽前进行。要求将老树皮的粗裂皮层刮下为度，切忌过深伤及嫩皮和木质部。刮皮时遇有病斑，应按防治病害的要求进行刮除和消毒。树皮刮完后应立即涂保护剂。刮下的树皮必须及时清除干净，堆集烧毁。

为保护树体及伤口，常给树干涂刷保护剂，如涂白、刷浓碱水、涂消毒剂等。涂白的主要作用是减轻冻伤及日烧，并能防治病虫害。涂白剂的配合成分各地不一。一般常用的配方是：水 10 份、生石灰 3 份、石硫合剂原液 0.5 份、食盐 0.3 份、油脂(动植物油均可)少许。涂白时可用刷子均匀地把药剂刷在主干和主枝的基部。为了提高效率，也可用喷雾器喷白。近年来有的利用液体塑料喷洒在树体上减少蒸发，可减轻抽条和冻害。

(二)伤口处理

树干和大枝上伤口面积大、历时长不能愈合者，易引起腐烂，形成空洞，影响树体的生长结果和寿命。因此，对尚具经济价值的树需要及时彻底治疗。

治疗的方法：首先用刀削平刮净伤口，使皮层边缘呈弧形，然后用消毒剂如 2%硫酸铜液或石硫合剂 5 度液等消毒。最后涂上保护剂，预防伤口腐烂，并促其愈合。

治疗伤口用的保护剂要求容易涂抹，不透水，不腐蚀树体，同时又有防腐消毒的作用。如桐油、铅油、接蜡等均可。液体接蜡的配方是：松香 800 克，油脂 100 克，酒精 300 克，松节油 50 克。此外，各地还可根据具体情况选用当地的保护剂，如陕北果农用黏土 2 份、牛粪 1 份，并加少量羊毛和石硫合剂用水调成保护剂就地应用，效果较好。

如伤口已成树洞，则应修补。补树洞的目的是防止树洞继续扩大，增强骨架牢固性并促进树势恢复。补树洞的方法：首先将洞内腐烂木质刨出，清除彻底，刮去洞口边缘的死组织。然后用药剂消毒并进行填充。填充物最好是水泥和小石粒(1∶3)的混合物。小树洞可用木桩钉楔填平，或用柏油(沥青)混以 3~4 份锯末(按体积计)涂塞之，经过补洞可以促进伤口愈合。

(三)桥接和寄根接

由于病害或冻害，常造成树干及主枝的部分输导组织受伤，严重减弱树势，影响产量。当局部受伤时可采用桥接。

桥接是通过接于伤口两端的接穗输导养分和水分，使恢复树势提高产量。方法有两头接和一头接两种，桥接的接穗条数也因伤口大小而有不同。寄根接是对于干部或根颈受害，造成根系衰弱以及有冻根、烂根的树，立即在树干附近补栽上旺盛的砧木苗多株，将其上端接于上述果树的根颈或主干基部，使两者愈合，挽救病树。

第三节　经济林花果管理

加强花量和果实数量的调控，对提高经济林器官的商品性状和价值，增加经济收益具有重要意义，也是实现优质、丰产、稳产和壮树的重要技术环节。花果调控，主要指直接用于花和果实上的各项促进或调控技术措施。

一、保花保果

(一)调控花芽数量

针对不同树种花芽分化的特点，合理调控环境条件，采取相应的栽培技术措施，调节树体营养条件及内源激素水平，控制营养生长与生殖生长平衡协调发展，从而达到调控花芽分化与形成的目的。通过不同栽培措施控制营养生长，使养分流向合理，是调控花芽分化的有效手段。特别对大小年现象较为严重的树种，在大年花诱导期之前疏花疏果，能增加小年的花芽数量。采用适宜的整形修剪技术及施肥，是经济林木促进花芽分化的重要技术环节。此外，合理使用植物生长调节剂能控制花芽的数量和质量。在花芽生理化分期，对于旺长油茶树喷施多效唑使枝条生长势缓和而促进成花，而中庸树势的油茶树喷施赤霉素可以提高当年产量和质量，同时增加来年花芽的数量；细胞分裂素可以增加板栗雌花比例。

(二)提高坐果率

坐果率是形成果实产量的重要因素，而落花落果是造成果实产量低的重要原因之一。通常枣的坐果率仅为0.13%~0.4%，最高不超过2%；李、杏也是花多果少。因此，通过实行保花保果措施提高坐果率，是获得丰产的关键环节，特别对初果期幼树和自然坐果率偏低的树种品种，尤为重要。

1. 造成落花落果的主要原因

贮藏养分不足，花器官败育，花芽质量差；花期不良的气候条件如霜冻、低温、梅雨及干热风等。由于上述原因，导致花朵不能完成正常的授粉受精而脱落。

前期主要由于授粉受精不良，子房所产生的激素不足，不能调运足够的营养物质促进子房继续膨大而引起落果；树体同化养分不足，器官间养分竞争加剧，果实发育得不到应有的营养保证而脱落；采前落果主要与树种、品种的遗传特性有关。此外，土壤干湿失调、病虫危害等也可引起果实脱落。

各地具体情况不同，引起落花落果的原因也多种多样。必须具体分析，针对主要矛盾，制定有效措施，提高坐果率。

2. 提高坐果率的主要途径

(1)加强树体管理，保证树体正常生长发育，增加树体贮藏养分的积累，改善花器发育状况，这是提高坐果率的根本措施。

(2)对异花授粉品种，要合理配置授粉树，在此基础上还可采取人工辅助措施，以加强授粉，提高坐果率。

(3)花期喷水。花期的气候条件可直接影响座果率，如枣的花粉萌发需要一定的条件(温度24~26℃，空气湿度70%~80%)，在花期高温(36℃以上)干燥时，则花期短，焦花多，影响坐果。此时可在枣花盛开期(6月上中旬)用喷雾器向枣花上均匀喷清水，可提高坐果率。

(4)应用生长调节剂和微量元素。落花落果的直接原因是离层的形成，而离层形成与内源激素(如生长素)不足有关。此外，外界条件(如光线、温度、湿度、环境污染等)都可引起果柄基部产生离层而脱落。当前生产上应用生长调节剂和微量元素，防止果柄产生离层有一定效果。而硼肥由于促进花粉管萌发，可显著提高坐果率，生产中为解决板栗空蓬而广泛使用。

(5)果实套袋。果实套袋在不影响、不损害水果正常生长与成熟的前提下，不仅隔离农药与环境污染使水果无公害，而且通过隔离尘土、病虫害、鸟害、风雨阳光的损伤使成熟水果表面光洁、色泽鲜艳，提高了水果档次，效益显著。更由于套袋本身的透气性可产生个别温室效应，使水果保持适当的湿度、温度，提高水果的甜度，改善水果的光泽，增加水果的产量，并缩短其成长期。同时由于生长的过程中不需施用农药，使水果具有高品质且无公害，达到国际标准。

二、疏花疏果

在花量过大、坐果过多、树体负担过重时，正确运用疏花疏果技术，控制坐果数量，使树体合理负载，是调节大小年和提高品质的重要措施，在生产上早已广泛应用。

(一)合理负载量

确定某一树种的适宜负载量是较为复杂的，因为它依品种、树龄、栽培水平、树势和气候条件而不同。通常确定果实的适宜负载量应考虑三个条件：保证当年果实数量、质量及最好的经济效益；不影响翌年必要花果的形成；维持当年的健壮树势并具有较高的贮藏营养水平。

负载量应根据历年产量和树势以及当年栽培管理水平确定，生产实践中，人们经多年的研究探索，积累了较为丰富的经验，并提出一些指标依据，指导应用于生产。具体方法有综合指标定量法、经验确定负载量法、干周法或干截面积定量法和叶果比法或枝果比法等。在疏花和早期疏果时还必须留有余地以防意外，如在有霜冻威胁的地区应在终霜期后确定疏除量。必须看树定产，而后才能切实贯彻按枝定量。

(二)疏花疏果方法

(1)人工疏花疏果。疏花可以比疏果减少养分消耗，促进枝梢生长，是克服大小年的有效方法。可以在蕾期疏花序或花蕾，也可早期等距离疏幼果。

(2)化学疏花疏果。用化学药剂疏花疏果，这项技术在某些国家已作为经济林生产上的一项常规措施，它能大幅提高劳动效率，但我国还未在生产上广泛应用。

第四节　低产低效林改造

造成经济林低产低效的原因很多。一种是缺乏管理，表现为野生状态树种、品种混杂、良种率低、没有配置适宜授粉品种；蓄水保土功能不强，树形处于自然放任状态，产量低，品质差。另一种是管理粗放或管理措施不当，造成大小年。因此，需要有针对性地进行整理改造。

一、野生状态经济林改造

(一)优化林分

为提高野生经济林改造后的生产效率和产品质量，便于经济林特殊的管理作业，应在划分小班的基础上，对小班内影响经济林生产的杂树要进行去除清理，原则上凡影响经济林产品生产的杂树一律去除，去除方法有齐地砍伐和连根刨掉，在不影响水土保持的基础上，小班内越纯越好。去杂纯化改造后，过于密挤、影响经济林生产效率的地方要根据生产要求进行适当间伐，同时，去杂后过稀的地方也要进行大树移植，提高林地的光能利用率。对于栽培价值低的品种进行高接换优改造。

(二)加强土肥水管理

一般野生经济林林地缺乏基本的水土保持工程，在进行整理改造时，必须结合林地土壤改良，修筑树盘、水平沟等蓄水保水工程和完整的排水体系，做到小雨能蓄、大雨能排，提高土壤的水分调控能力。有条件时，还可以修建引水灌溉体系，增施有机肥。

(三)修剪改造树形

粗放管理经济林多数没有一定的树形，通风透光性能较差，在改造时首先要对其进行树形改造，调整好树体和群体结构，逐步进入细致修剪。

二、大小年经济林改造

(一)经济林大小年的概念

在经济林果的生产过程中，丰收的年份(即大年)因树体有大量的花芽，而结大量果实，由于当年结果过多而很少或不形成花芽，翌年则很少或不能结果，即出现了小年。在小年里，由于结果很少或不结果，树上大量的不结果的枝，又形成大量的花芽，则第三年又会出现结果过量的大年。这种一年结果过多，翌年结果过少的现象循环出现，叫作隔年结果现象，或叫作大小年结果现象，也有时一个大年之后，连续出现两个小年等情况。

(二)调整经济林大小年结果的措施

认真地搞好果园的综合管理，这是防止或克服果树大小年结果的基础。

已存在大小年结果的果园，最好从某一大年入手，严格控制果园的总负载量，把大年的产量压到前两年(一大年，一小年)或前四年(二大年，二小年)的平均产量上或稍低，负数量能否切实地控制好，是克服大小年的关键。

一个果园在大年时，仍有小年树，不过所占比例较小；在小年时，也会有大年树，同样所占比例也较小。克服大小年最有效的措施是在同一年里，对大年树狠抓疏花疏果即大年不大；小年树保花保果，即小年不小；达到经济林木单株个体均衡结果的目标。如果做到达一点，不但能有效地控制大小年结果现象，而且能稳步提高产量水平。

第五节 经济林复合经营

农林复合经营是指在同一土地经营单元上，按照生态经济学的原理，将林农牧副渔等多种产业相结合，实行多物种共栖、多层次配置、多时序组合、物质多级循环利用的高效生产体系。通过充分利用森林之间空隙带和林荫空间等环境，建立以林业种植为主，在不影响森林生态系统和整体环境的基础上，种植和养殖各类植物、畜牧类产品或采集加工产品的经营模式，从而利用森林资源，创造更大的经济价值。通过发展林下经济，可以有效增加林区居民的就业率，提高当地人民的人均收入，对快速实现农业产业结构调整和优化，促进生态、绿色、高效农业发展和实现我国社会主义新农村的建设具有重要的意义。

一、复合经营类型

(一)林下种植

合理利用林下土地，短期或长期种农作物(粮食、经济作物、药材等)，以林为主，以耕代抚，长短结合。例如，粮食作物、药材、茶叶、花草、蔬菜、菌类、培育林苗、林油等。科学种植此类作物，即不会对森林的木材产生影响，还能有效地提高经济收益，是合理利用林下资源的重要途径。经济林复合经营模式在我国南、北方一些主要经济林木栽培上都各具特色。如南方的竹林中栽培竹荪等食用菌、云南胶茶间种等，油茶幼林期间种薯类、豆类、旱粮，成林后间种草珊瑚、紫珠等药材，以及牧草等。北方的枣粮长期间种，板栗林下栽培栗蘑，立体复合经营模式很多，因划分依据不同而异。

(二)林下畜牧

林下畜牧养殖在林下进行畜牧业养殖，可以更好地发展畜禽业，由于在森林中气候环境更贴近自然环境，养殖的畜牧产品质量更好，还能迎合目前广受大众追捧，在市场中价格较高的各种野生类畜牧产品，相较于大规模养殖的畜牧产品，能够获得更高的经济价值。例如，林禽类产品、培育蜜蜂或者养殖各类水产品等。

(三)发展山野菜

林下产品的采集和加工林下产品主要包括各种山野菜、野生山菌、竹笋等，此类产品经过采集和加工，可以制作成经济产品，到市场中进行销售。并且通过合理的开发，可以形成良性产业链，促进林下经济发展。

(四)森林康养

利用林下景观发展旅游业。森林中有美丽的自然风光，气候条件较好，适宜人们休闲康养，利用林下自然景观，可以发展旅游观光，为人们提供出游度假的好去处。可通过建立农家乐或者森林人家等特色旅游行业，人们除了可以在森林中游览，还能品尝到各种野味，符合现在城市人口希望回归自然的心理特点。

二、农林复合经营的意义

一是提高了土地利用率和经济效益林下培育食用菌，林地资源相当于间接增加了50%，而菌糠残渣、经济林凋谢物互增林、菌肥料的循环经济模式，大大提高了土地利用率和生产力。

二是增加了森林生态系统的稳定性。林下复合经营所形成的“乔木层—灌木层—草本植物和动物—微生物”的林层结构，可以进一步提高森林生态系统的稳定性和生物多样性。例如，林草、林桑、林药的间作种植，会增加森林生态系统的生产者数量，林禽、林菌经营，则增加系统内禽类、微生物等的消费者和分解者数量，由此促进系统内的物种结构、空间结构以及营养结构等更趋合理和稳定。

三是促进了资源的循环利用。林下经济，一方面促进了林农复合经营中的小物质循环，如森林抚育、采伐剩余物质可作为菌类作物的培养基，废弃菌棒、禽畜粪便等处理后又可以成为经济林、牧草、饲料桑等的有机肥，促进饲料桑蛋白明显增加，提高禽蛋产量和质量；另一方面，林下经济系统为外界提供了食用菌、蛋、肉等大量有机产品，其中的大多数废弃物可进行资源的再生利用，减少了经营系统中的资源浪费，促进了森林系统与其他生态因素的大物质循环。

三、注意事项

发展林下经济，可以有效提高农村的经济水平，使经济林、农业、畜牧业进行有机的结合，推动经济林发展，从而提高经济效益。为更快更好地实现这一目标，要对林下种植、养殖和旅游康养发展对森林造成的影响做出科学评估，充分利用林地发展可循环农业、生态农业，有效保证林下经济的可持续发展。

（一）重视利用自然环境

在经济林下进行种植和养殖过程中，应尽量不使用各种化肥或农药，利用良好的生态环境或物理方式控制各种病虫害或者疫病的发生。在发展各类野生作物产品时，应减少对自然环境的干扰，并使用科学的栽培手段，保持作物产品能够可持续供应，从而增加产量，降低野生产品价格。

（二）注意生态系统平衡

清除和经济林存在竞争关系的其他作物或生物，提高产量，增加经济收益，适量种植和养殖及过度旅游开发，应注意生态系统平衡，控制在合理的范围内，以免对环境造成破坏。

（三）利用科学的养殖经营技术

林下养殖借助林地的生态环境，提高林地生物种群数量，更加充分地利用林间的土地、阳光和水分的资源。当前，最为常见的林下养殖生物有：禽类产品，如鸡、鸭、鹅等；畜牧产品，如猪、牛、羊等；还有其他种类的经济产品，如树蛙、红腹锦鸡等。在发展林下养殖业前，相关专业人员应对目标区域进行科学勘测和调研，在保证生态环境稳定的前提下，选择更加适应林地养殖的动物品种，并对养殖数量进行合理控制，结合森林环境的承载能力，寻找能够持续发展、经济价值较高的养殖产品。通过利用科学的养殖技术，在保证动物产品健康优质的基础上，改善林地的土壤状况，并利用动物粪便为森林提供自然养料，从而形成一个科学的可循环生态系统。例如，合理控制养殖鸡数量，调整鸡群密度，可以保证环境生物多样性平衡，并且能够有效控制水土流失、增加森林土壤养分、消灭害虫，从而获得更高的经济效益。

第七章

经济林产品利用

第一节　经济林产品的采收及预处理

采收作为经济林产品生产上的最后一个环节，也是贮藏加工开始的第一个环节。在采收中最主要的是采收成熟度的确定和采收方法，它与经济林产品的产量和品质有密切关系。经济林产品的采后预处理是为保持或改进经济林产品质量并使其从农产品转化为商品所采取的一系列措施的总称。选择合适的采后处理技术能改善经济林产品的商品性状，提高产品的价格和信誉，为生产者和经营者提供稳固的生产和可观的效益。因此，为协调解决生产和消费之间的矛盾，了解和掌握经济林产品采收成熟度的确定方法、采收方法、采后预处理技术，对经济林丰产丰收具有重要意义。

一、经济林产品的采收时期

经济林产品采收期的确定，应该考虑经济林产品的采后用途、产品类型、贮藏时间的长短、距离的远近和销售期长短等。不同器官、不同用途采收期有所不同。采收期的早晚对果实的产量、品质及贮藏性有很大的影响。适期采收的经济林产品，不仅可以获得更高的产量，而且其质量也会更好，从而取得最大的经济效益，保证丰产又丰收。

(一)果实

采收成熟度不仅是确定果实最佳采收期的重要指标，也是果实进行产品分级、贮藏保鲜以及加工利用的重要指标。大量研究表明，采收成熟度对果实品质、产量、后期用途影响很大，若采收成熟度过低，果实尚未充分成熟，个头小，外观色泽欠佳，糖分和香气积累不足，风味寡淡，且不能正常后熟，达不到最佳食用品质；若采收成熟度过高，果实过分成熟甚至已启动衰老，果肉变软，抗性下降，不利于贮运和销售。如核桃过晚采收，会造成种皮开裂，降低贮运力，减少树体贮藏养分的积累，容易发生大小年和减弱越冬能力。因此，正确确定果实成熟度，适时采收，才能获得高产量、质量好和耐贮藏的果实。

果实的成熟度根据不同用途可分为：①采收成熟度。果实已充分长大，但尚未充分表现出应有的风味，肉质较硬，耐贮运。适用于罐藏、蜜饯或需经后熟的鲜食种类的采收。②食用成熟度。果实表现出该品种应有的色、香、味，采下即可食用。用于制果汁、果酒、果酱的果实也要达到食用成熟度时采收。③生理成熟度。果实在生理上充分成熟，果肉化学成分的水解作用增强，风味变淡，营养价值下降，而种子充分成熟。一般供采种或以种子供食用的果实(如仁用杏、核桃等)在这时采收。果实的采收时期，主要按实际需要而确定，以符合鲜食、贮藏和加工的不同要求，减少损失，提高果品质量。

(二)花

蕾期到盛花期及时采收才能保持有效成分。如金银花从现蕾到开放、凋谢，可分为以下几个时期：米蕾期、幼蕾期、青蕾期、白蕾前期(上白下青)、白蕾期(上下全白)、银花期(初开放)、金花期(开放1~2天到凋谢前)、凋萎期。青蕾期以前采收干物质少，药用价值低，产量、质量均受影响。银花期以后采收，干物质含量高，但药用成分下降，产量虽高但质量差。白蕾前期和白蕾期采收，干物质较多，药用成分、产量、质量均高，但白蕾期采收容易错过采收时机，因此，最佳采收期是白蕾前期，即群众所称二白针期。

金银花采收最佳时间是清晨和上午，此时采收花蕾不易开放，养分足、气味浓、颜色好。下午采收应在太阳落山以前结束，因为金银花的开放受光照制约，太阳落山后成熟花蕾就要开放，影响质量。采收时要只采成熟花蕾和接近成熟的花蕾，不带幼蕾，不带叶子，采后放入条编或竹编的篮子内，集中的时候不可堆成大堆，应摊开放置，放置时间不可太长，最长不要超过4小时。

(三)叶

不同用途，采收时期不同。做茶等饮料一般在萌芽后采收；药用一般在有效成分含量最高时采收，如银杏叶做茶在萌芽后不久即可采收；用于制药，在枝条停长叶片变黄前15~20天采收；樟树则在冬季采叶。

(四)芽

嫩梢5~6片叶，半木质化前，芽薹粗壮、脆嫩多汁、无纤维、香气浓郁、味香色美。香椿、栾树芽菜应在刚刚萌发时采收，过晚则失去食用价值。竹笋可在春季采春笋，夏、秋间采鞭笋，冬季采冬笋。春笋出土后随着笋体升高，笋肉中的粗纤维逐渐硬化，故采收越早品质越好。以笋头刚露出土面时挖取，笋体小、肉脆嫩、纤维少、品质佳，植株消耗的养分少，使母竹有较多养分供后续笋生长所需，增加出笋数量而减少退笋数，故单位面积的总产量不会减少。

(五)茎

采收利用目的不同，采收时期不同。

工艺成熟又称利用成熟。树木或林分的目的材种平均生长量达到最大时的状态。这时的年龄称为工艺成熟龄。与数量成熟相比，工艺成熟不仅考虑木材数量多少，而且还要符合一定长度、粗度和质量的材种规格，并确定相应的工艺成熟龄。如竹子不形成年轮，直径和树高一年之内就可成型，以后不再生长；但纤维硬度、密度等力学性质则随年龄变化，超过一定年龄后会降低工艺价值，以致最后自然枯朽。所以，竹林有工艺成熟和自然成熟，根据出笋的盛期还有更新成熟。判断竹林的年龄往往凭借外部特征加以记载的办法。我国南方经营竹林历史悠久的地区流行有“存三去四勿留七”和“造一育二存三留四五六采七”等谚语。即一般四度(一度近两年)即可采伐利用，最多不宜超过七度。竹林的工艺成熟龄，一般因竹种，经营目的、立地条件及抚育管理措施而异。以毛竹为例，造纸材一般以1年生为宜；手工编制用材以2~4年生为宜，建筑材以5~8年生为宜。

至于经济林和特种经济林，其经营目的往往以利用果实、种子、树皮、树液、树根、树叶及内含物等其他形式的林产品为主，常可在生长发育过程中多次提供产品，但过了一定年龄，则产品的数量和质量就下降，可据此确定各种经济林木的成熟龄。

(六)皮

在形成层活跃期剥皮采收，剥皮后容易再生新皮，成活率高。肉桂通常每年分两期采收，第一期于4~5月间，第二期于9~10月间，以第二期产量大、香气浓、质量佳。而采收根皮如牡丹皮以牡丹秋季落叶后至翌年早春出芽前为宜。因为在这段时间内根部贮存了大量的养分，等早春地上部出芽后才开始消耗，所以在这段时间内采收的药用价值高、质量好，还有利于牡丹的养植和培育。

(七)根

一般在生长季即将结束或休眠后采根。如木薯叶色稍转黄，基部老叶逐渐脱落，薯块表皮色泽变深且粗糙，以手用力摩擦薯块表皮时易脱落即可采收，一般于11月至翌年1月收获，收获过早或过迟都会影响淀粉的产出率，收获过早，肉质嫩、淀粉少，收获过迟，肉须木化、纤维素增加、淀粉含量减少。

(八)汁液

汁液贮藏在树皮韧皮部的乳管里，把树皮割开，汁液靠着乳管本身及其周围薄壁细胞的膨压作用不断地流出来。因此，一般在生长旺盛期采收，清晨是一天中温度最低和湿度最大的时候，体内水分饱满，细胞的膨压作用是一天中最大的，因此，清晨采收产量高。如橡胶割胶的最佳温度是19~25℃，这时胶乳的产量和干胶的含量都高。当气温超过27℃时，水分蒸发快，胶乳凝固快，排胶时间短，产量就低。但也不是温度越低越好，当气温低于18℃时，胶乳流速放慢，排胶时间长，胶乳浓度低，还容易引起树皮生病或死皮。在割胶季节里，清晨4:00~7:00的气温，一般就在19~25℃，最为合适，产量最高。

二、经济林产品的采收

应根据产品的生物学特性，结合当地的具体情况，选择合适的采收方法。

(一)人工采收

手摘、刀割、挖刨等都属于人工采收方法。人工采收灵活性强，机械损伤小。可以针对不同种类、不同成熟度的产品，及时进行采收和分类处理，既不影响产量，又保证了采收质量。作为鲜销和贮藏的经济林产品最好采用人工采收。目前，世界上很多国家和地区仍然采用人工采收，即使使用机械，同样要与手工操作相配合。具体的采收方法应根据经济林的生物学特性来制定。采收过程中要防止折断果枝，碰掉花芽和叶芽，以免影响翌年采收。采收顺序一般应先树下后树上，先树冠外围后采内膛。

(二)机械采收

机械采收的主要优点是采收效率高，节省劳动力，降低采收成本。但是由于机械采收不能进行选择，容易造成产品的损伤，进而影响产品的质量和耐贮性。目前大多数鲜食产品还不能完全采用机械采收。机械采收主要采收加工的产品或能一次性采收但对机械损伤不敏感的产品。选择最佳采收时期可以显著提高一次采收效率，如枸杞等浆果成熟期不一致且不耐贮，需分期分批采收，使其成熟度一致。柿子成熟后可以挂树很长时间不落，则可以结合冬剪进行采收。机械采收主要有振动法、台式机械靠近法和机械地面拾取法。

(三) 化学药品辅助采收

板栗在刺苞 10% 开裂时，喷施乙烯利，可以缩短采收期，节省人工。橡胶树施用乙烯诱导愈伤反应，促使皮部和木质部的淀粉转化为可溶性糖，同时加速乳管系统对水分和养分的吸收，强化产胶与排胶功能，产生短期大幅度增产的效果。

三、经济林产品采后预处理

(一) 果品类

果实采后处理是保持采收后果实新鲜品质或保存其营养成分的技术措施。果实采收后必须经过一系列商品化处理才能运至市场销售或贮藏库贮藏。果实类产品在田间采摘后，一般要经过田间采摘—收集—整理分选—分级—清洗—预冷处理等环节才能进入冷库贮藏(或进入市场、长途运输)。

果品经过预冷、洗果、打蜡、分级、包装一系列采后处理，商品价值大大提高。例如，在豫西灵宝果品市场上，一箱未经采后处理的红富士苹果价格仅有 40~50 元，经过采后处理的身价可升至 100 元左右。在香港市场上，10 个港币仅能买到 2~3 个脐橙，因为脐橙进行了采后处理。所以，我们发展果树产业，在提高果品产量和内在质量的同时，必须重视果实的采后处理，才能增强市场的竞争力，从而实现果品的有效增值。

(二) 油料类

油料类产品的预处理包括油料的清理、剥壳、干燥、破碎等工序。所谓油料清理，即除去产品中所含杂质的工序之总称。对清理的工艺要求，不但要限制产品中的杂质含量，同时还要规定清理后所得下脚料中油料的含量。油料剥壳使仁壳分离，便于后期榨油。干燥是指高水分油料脱水至适宜水分的过程。油料收获时有时在雨季，水分含量高，为了安全贮藏，使之有适宜水分，干燥就十分必要。破碎是用机械的方法将油料粒度变小。破碎的目的是使大粒油料的粒度大小便于轧胚；对于预榨饼来说，是使饼块大小适中，为浸出或第二次压榨创造良好的出油条件。

（三）木本中药类

根据不同产品本身的生物学特性及所利用成分的特性进行预处理。黄檗在刚剥下，趁新鲜水分多时刮去粗皮，以显示出黄色为度，晒干或烘干；也可将原材料浸入清水中，清洗干净后，切丝晒干，做药材使用。

（四）饮料类

饮料类产品的采后预处理一般包括清洗和晾晒，茶叶类产品一般还要经过杀青和揉捻。采摘后的清洗只需将叶片或者花等器官泡在水中，轻轻搅动水，使得产品跟着水流缓缓而动，产品上的细菌和微生物就可以清洗下来。清洗干净的产品用细棉布轻轻擦干，不要破坏组织。晾晒时，选择阳光直射的空旷之地，使用竹编大簸箕将产品摊开，让阳光直晒。晾晒时，根据产品的特性进行翻动或不动。金银花在晾晒的过程中不能翻动，且不可沾水。茶叶类的产品采摘后需要高温杀青，破坏酶的活性，阻止多酚类化合物在酶促作用下氧化。

（五）调料类

不同的调料类产品在使用前要进行不同的预处理，有的需要去壳，有的需要浸泡，有的需要低温萃取，有的需要烘焙等，这样做的目的之一是要让调料本身发挥自身独特功效，除去异味和苦涩味。如果不进行预处理，很难保证卤汤香型的纯正。此外，预处理得当的调料可以增加食材的香味，同时又能起到为食材着色、杀菌、解毒的作用，以增进食欲，帮助消化。

（六）其他类

除上述五大类外，经济林产品还包括淀粉与糖类、芳香油料类、工业原料类、竹类等。每一类产品的采后预处理都需要根据其采后用途及其自身的生物学特性进行处理，以便于其贮存或利用。将刚砍下的竹子放在水塘里7~90天，可去除糖、淀粉和水溶性物质；置于石灰水中3~30天，可起到防腐的作用；用5%的铜铬锌防腐剂水溶液反复涂在竹子表面，可做外用，如竹篱笆和小船撑竿等。

第二节　经济林产品贮藏

经济林产品要想获得良好的贮藏效果，除做好必要的采后处理外，还必须采用适宜的贮藏技术及设施，根据经济林产品采后生理特性，创造合适的贮藏环境。实际生产中可根据经济林产品的贮藏特性、当地气候条件和经济实力等具体情况灵活选用。

一、传统贮藏

传统贮藏方式包括简易贮藏、土窑洞贮藏和通风库贮藏。由于它们都是利用自然冷源来达到贮藏保鲜的目的，极大地限制了其应用效果。目前，随着我国国民经济的发展和综合国力的提高，现代化的贮藏方式已逐渐被广泛应用。但出于节约能源的考虑，传统贮藏方式仍具有其存在的价值和意义。应根据不同的产品及用途选择合适的贮藏方式。

(一)简易贮藏

简易贮藏是为调节经济林产品供应期所采用的一类较小规模的贮藏方式，主要包括堆藏、沟藏(埋藏)和窖藏三种基本形式。这些都是利用外界温度的变化来调节或维持一定的贮藏温度，形式简单，成本低廉。这类贮藏方式是我国劳动人民在长期的生产实践中结合当地的气候特点创造出来的，包含着丰富的经验和智慧。

堆藏是将经济林产品直接堆放在田间地表或浅坑(地下 20~25m)中，院落空地、室内空地或荫棚下，上面用土壤、秸秆、席子等覆盖，防止日晒雨淋，维持适宜的温度、湿度，避免过度蒸腾和受冻受热。常用于苹果、梨、柑橘等果实类含水量较大的经济林产品的贮藏。堆藏受气温影响较大，适合于较温暖地区的越冬贮藏，在寒冷地区一般只做秋冬季节的短期贮藏。堆藏的果实不能太宽太高，否则不易通风散气，果堆中心温度过高，引起腐烂。

沟藏是从地面挖一深沟，将果品堆积其中，达一定的厚度，上面用土壤覆盖。贮藏主要受土温的影响，比堆藏的保温保湿性能好，我国北方一些水果产区常用这种方式贮藏苹果、梨、山楂等。沟藏贮藏的场所应选择在地势平坦干燥、土质较黏、地下水位低、不积水的地方。沟的深度和宽度要根据各地的气温和贮藏对象的种类来确定。沟越深保温越好，降温越困难。增大沟宽在一定程度上会增加气温的影响，增大降温性能，降低保温性能。沟内产品堆积的厚度也应注意，因为在产品的上下层之间存在着一定的温差，厚度增加，这种温差也会随之加大，造成管理上的困难，影响实际贮藏效果。覆土层应该随着外界气温的下降而逐步加厚，因此覆土是分次进行的。可用温度计测量深层产品的温度，作为管理的依据。

窖藏方式，人可自由进出窖，便于检查产品，可以较方便地调节温、湿度，因此适于贮藏多种果实，效果比较稳定，风险性比沟藏低。窖藏在我国南北各地都有应用，有多种形式，如棚窖和井窖。棚窖同沟藏一样，也是建筑在田间的临时性贮藏场所，一个贮藏季节结束后便拆除填平，第二年换址重建。井窖是固定建筑，一次建成后可连续多年使用。井窖的窖身全在地下，受气温影响小，受地温影响较大，因此保温性能较好，适合贮藏柑橘等要求较高温度的产品。北方的井窖以山西井窖为代表，主要贮藏鲜食类对低温比较敏感的产品，如苹果、梨等，一般干果类产品，如板栗和核桃也可使用窖藏方式；南方的井窖以南充井窖最典型，主要贮藏对温度要求比较高的甜橙等经济林产品。

(二)土窑洞贮藏

土窑洞贮藏方式是我国西北黄土高原地区人民对传统窑窖加以改进，完善其通风降温功能所创造的独具特色的贮藏方式。土窑洞区别于其他贮藏设施的特征是周围具有深厚的土层。由于土窑洞深入土中，借助于土壤对温度、湿度的调节作用，洞内温度较低而平稳，相对湿度较高，有利于保持贮藏产品的品质。一般鲜食类含水量较高的果蔬类产品可用此方法保存，新鲜的水果贮藏其中可有效减少水分散失。

为了保持窑洞内的湿度，减少果蔬失水，主要采取以下几条加湿措施：①冬季降雪时，在窑洞内大量积雪，雪在窑内不断吸热，逐渐融化渗透，对增加窑壁土层的湿度和降低室温都有好处。②果蔬贮藏期间，窑内地面要经常洒水。③封窑前应根据具体情况，在窑内适量灌水和喷水。除以上管理外，还要注意对土窑洞消毒、加固，并注意防治鼠害。

(三)通风库贮藏

通风贮藏库是由棚窑发展而来，形式和性能与其相似，但通风贮藏是由砖、木和水泥构造的固定式建筑，一旦建成，可多年使用。比棚窑具有更加完备的通风系统和隔热结构，降温和保温性能较好。通风贮藏库温、湿度的管理原则类似土窑洞。通风库贮量大，为避免产品过于集中，对部分产品应实行提前入库。产品入库时，不要一次进入太多，并适当散开以利于通风散热，必要时可辅以人工鼓风，加大通风量，进行人工鼓风。一般采摘后需要干燥的产品可采用此种方式进行贮藏，此时的通风库要求湿度要低，避免潮湿生霉，如油料类的油茶、文冠果等；需要干燥贮藏的药材类产品，如杜仲、黄檗等；需要干燥后贮藏的坚果类产品，如板栗、核桃、腰果等，干枣也可采用通风库贮藏。

通风库一般分为地上式、半地下式和地下式三种类型。地上式通风库的库身全部建在地面上，受气温影响最大。半地下式通风库的库身一部分在地面以下，库温既受气温影响，又受地温影响。地下式通风库的库身全部建在地面以下，仅有库顶露出地面。受气温影响较小，受低温影响较大。在冬季酷寒地区，多采用地下式通风库，有利于防寒保温；冬季温暖地区多采用地上式通风库，有利于通风降温。

二、冷库贮藏

在冷藏技术出现以前，人们利用自然冷源保鲜，不能按需要来控制适宜的温度，保鲜效果难以保证。机械冷藏库是在具有良好隔热保温性能的库房里，通过机械制冷的方式，使库内的温度、湿度控制在设定的范围内，可将产品进行长期有效的贮藏。一般经济林类产品均可采取此类方法进行保藏，如鲜食类的苹果、杏、梨等；干果类的板栗和核桃等；药用类的枸杞也可进行冷藏。

(一)冷却方式

在制冷系统中，一般多采取直接冷却方式，即利用制冷剂的蒸发直接冷却产品或冷藏间的空气。也可采取载冷剂间接冷却方式，即将被冷却的产品或冷藏间的热量，通过中间介质传递给在蒸发器中蒸发的制冷剂液体，如盐水、空气调节的冷却系统等。

(二)冷库的分类

1. 按照结构分类

可为土建式冷库、组合板式冷库和覆土冷库。

(1)土建式冷库。是目前国内建造较多的一种冷库，可建成单层或多层。建筑物主体一般为砖混结构或者钢筋混凝土结构。其维护结构的热惰性较大，受室外温度的昼夜波动影响较小，库温容易稳定。土建式冷库建设周期较长，施工复杂，保温效果好，一次性投资较小。

(2)组合板式冷库。这种冷库为单层形式，库体为钢框架轻质预制隔热板装配结构，其承重构建多采用薄壁型钢材制作。库板为隔热良好的组合夹心保温板，其两面为彩色镀锌钢板，芯材为发泡硬质聚氨酯板或硬质聚苯乙烯泡沫板。除地面外，所有构建和库体由专业生产厂家制作，运至工地现场组装。因此，建设周期短，保温效果好，但造价较高。

(3)覆土冷库。又称土窑洞冷库，洞体多为拱形结构，洞内衬砌多为砖石砌体，洞外用相当厚度的黄土覆盖作为隔热层。这种冷库由于降温热负荷大，降温时间长，所以有的在洞体衬砌内侧做了隔热层处理。覆土冷库因地制宜，就地取材，结构简单，造价低廉，但规模有限，货物进出不便，运转费用高。

2. 按冷库容量规模分类

冷库的容量大小有两种表示方式，一种是用容积(m^3)表示，一种是用贮藏货物的吨位(t)表示。目前，冷库容量划分没有统一标准，一般划分为大、中、小型。按吨位可分为：10000t及以上为大型冷库，1000～10000t为中型冷库，1000t以下为小型冷库。此外，按贮藏温度冷库可分为低温冷库(-15℃以下)、冰库(-10～-4℃)、高温库(-2℃以上)。经济林产品一般贮存在高温库。

三、气调贮藏

气调贮藏即调节气体贮藏，是当前国际上经济林产品保鲜广为应用的现代化贮藏手段。将经济林产品贮藏在不同于普通空气的混合气体中，氧气含量较低，二氧化碳含量较高，有利于抑制产品呼吸代谢，保持新鲜品质，延长贮藏寿命。气调贮藏是在冷藏的基础上进一步提高贮藏效果的措施，具有冷藏和气调的双重作用。经济林产品均可采用此方法进行贮藏。

通常所说的气调冷藏为CA贮藏，也叫快速气调。它是在冷藏基础上，改变贮藏环境中的气体成分，并将气体指标控制在很小的变化范围之内。'嘎拉'苹果能够很好地在8个月的低氧气调库贮存。与CA贮藏相近的另一种气调贮藏形式是MA贮藏，一般叫作自发气调贮藏或限气贮藏，如塑料袋密封贮藏和塑料大帐贮藏。MA与CA相比，前者的气体成分变化幅度比较大。

欧美发达国家果实采后保鲜50%以上采用CA贮藏的形式，其中约30%采用超低氧气调保鲜技术。目前，气调贮藏在我国的果品保鲜中约占5%～10%的比例。气调技术在我国应用于苹果、猕猴桃、板栗、荔枝等果品的长期保鲜，也可用于药材类枸杞的保存。气调保鲜由于是气体成分和低温的共同作用，对果实的呼吸代谢、后熟衰老进程、颜色质地和风味产生了显著影响，是普通冷藏无法比拟的，主要表现在保鲜效果好、显著延长保鲜期降低贮藏损失及由衰老引起的生理病害的发病率，对产品本身无任何污染。

四、其他贮藏及辅助处理

除了机械贮藏、气调贮藏和传统贮藏外还有一些其他的贮藏和一些辅助处理，主要包括减压贮藏、辐射处理、物理保藏、化学保藏、生物保藏、其他类保藏。

（一）减压贮藏

减压贮藏又称低压贮藏、半气压贮藏、真空贮藏等，它是在冷藏和气调贮藏的基础上进一步发展起来的一种特殊的气调贮藏方法。由于其原理和技术上的先进性，经济林产品的保鲜效果比单纯冷藏和气调贮藏更为优越，在易腐难贮藏产品保鲜方面发挥了巨大作用。

将产品放置在密闭的贮藏室内，抽气减压，使其在低于大气压力的环境条件下，并维持低温的贮藏方法。减压贮藏可以促使产品组织内乙烯和其他多种挥发性代谢产物（如乙醛、乙醇、乙酸和二氧化碳）中毒的可能性，减压越低，这些效果就越明显。并且减压贮藏不仅可以延缓产品的后熟衰老，还有防止组织软化，保持绿色，减轻冷害和一些贮藏生理病害的效应。例如，红玉苹果在同样条件下贮藏267天，硬度与采收时几乎一样，而且果实不发生红玉斑点等生理病害，具有采摘时的风味和质地；板栗等干果类和杜仲、黄檗等需要干燥后再进行贮藏的产品也可采取此方法贮藏。

减压贮藏也有其缺陷和可能产生的问题。首先是低压条件下组织极易失水萎蔫，因此，贮藏室必须保持高相对湿度，一般在95%以上。但湿度高又给微生物活动提供了有利条件，需要用高效杀菌剂进行消毒防腐，如在加湿时加入具有挥发性的杀菌剂。其次就生物体本身而言，减压是一种反常的逆境条件，可能会由此引起新的生理障碍或病害。例如，产品对环境压力的急剧改变可能产生反应：有的鲜食类产品减压贮藏后风味和香气较差，有的后熟不好，但在常温条件下放置一段时间会有所好转；其他种类产品的影响不大。减压贮藏只有低氧气的效应，没有如同气调贮藏中积累二氧化碳那样的效果。此外，还有减压室的安全结构机械设备、经济上的可行性等问题。

（二）物理保藏

物理保藏是利用温度、湿度、压力、气体成分、光、电、运动速度等物理技术参数对经济林产品进行作用，使之对环境反应迟缓，改变其原有的生物规律，最终达到保鲜的目的。物理保藏为产品的采后贮藏提供适宜的可控环境，也是为产品保鲜提供最佳调节方式。物理保藏不像化学保藏那样容易产生化学残留，所以在生产中较为常用，如前面几节内容已经介绍过的机械冷藏、气调贮藏和减压贮藏，都是物理保藏的典型代表。目前，除上述三种贮藏方法外，一些临近生产或处在试验阶段的物理保藏新技术还有很多，如臭氧保藏、辐射保藏、电磁保藏等。

臭氧保藏中，臭氧是一种强氧化剂，也是一种消毒剂和杀菌剂。刚采摘的新鲜水果经臭氧处理后，表面微生物在臭氧的作用下发生强烈的氧化，使细胞膜破坏而休克，甚至死亡，从而达到灭菌、减少腐烂的效果。另外，臭氧还能氧化分解果蔬释放出的乙烯气体。使环境中的乙烯浓度降低，减轻乙烯对产品的不利作用。另外，臭氧还能抑制细胞内氧化酶的活性，阻碍糖代谢的正常进行，使产品内总的新陈代谢水平有所降低，起到果木类产品贮藏的目的。

用臭氧杀菌，不同目的、不同品种有不同的浓度要求。在时间允许的情况下，应尽量选择较低浓度，但低于0.1mg/L的浓度时对微生物没有杀灭作用。实验证明：在温度为2℃条件下，臭氧处理浓度为50μg/L时，可以保持鲜切绿芦笋较好的品质；黄肉猕猴桃采收后用170μg/L臭氧处理，再在2℃下贮藏，臭氧诱导猕猴桃果实成熟，有利于提高果实中的生物活性成分，延缓了果实中微生物的滋生。

辐射保藏主要是利用钴-60（^{60}Co）或铯-137（^{137}Cs）发生的γ射线。γ射线是穿透力极强的电离射线，当它穿过有机体时，会使其中的水和其他物质电离，生成游离基或离子，从而影响机体的新陈代谢过程，严重时则杀死细胞。辐射处理不仅可以干扰基础代谢过程，延缓果实的成熟衰老，还可以减少害虫滋生和抑制微生物引起的果实腐烂，从而延长贮藏寿命，也可以抑制发芽，减少虫害的危害。不过辐射处理也存在一些问题。果实经辐射后都会产生一定程度的生理损伤，主要表现为变色和抗性下降，甚至细胞死亡，不同作物对辐射敏感性不同，致伤剂量和病情表现也各不相同。组织变褐是最早、最明显的症状。经济林产品经辐射后也有异味的产生。对此应注意：尽可能降低辐射时的温度，辐射后采用低温贮藏；辐射时排除辐射源产生的臭氧；产品在辐射时用不透气薄膜包装；应用抗氧化剂等。辐射处理也应考虑安全性问题：食品有无放射性污染和产生感生放射性，辐射能否产生有毒、致癌、致畸、致突变的物质。具体测试和理论分析都表明：辐射食品不存在放射性污染和感生放射性问题，而且，迄今为止还未见到确证会产生有毒、致癌和致畸物质的报告。

电磁保藏主要包括高压静电场处理、电磁场处理、高频电磁波处理、离子空气处理等。据日本研究结果表明，经济林产品经磁场处理后可以提高生活力，增强抵抗病变的能力。一般淀粉与糖类经济林产品（如橡子、糖槭、木薯等）适合用此类方法保存。

(三) 化学保藏

化学保藏是利用化学方法或化学保鲜剂进行产品贮藏的方法。化学保藏技术的关键是要选择合适的化学物质，了解其保藏机理、使用方法及安全性。生产中所用的化学物质必须是无毒无污染的“绿色安全品”，常用的种类有保鲜剂、防腐剂和抗氧化剂等。

化学保藏的保鲜作用是靠化学反应所产生的气体、液体或膜状物来实现的，其特点是在贮藏环境中制造不利于微生物生长繁殖的条件，这种条件是指无论气体物质或固体物质，只能有利于产品的生命延续，而不利于微生物的生长发育。此外，化学保藏还可以利用自身的酸碱盐等特殊化学性质，对产品特性加以中和、改善和保护，从而起到保鲜的作用。常用的化学保藏方法有涂膜剂保藏、食品添加剂、灭菌剂保藏和其他化学保藏。涂膜剂保藏在苹果、柑橘以及芒果等鲜食且易失水的经济林产品的日常贮藏中发挥着非常重要的作用。柑橘类水果的果皮精油对青绿霉病的病原菌具有良好的抑制作用，樟属植物的精油中含有大量的桂酚、龙脑等成分，对微生物的活性具有良好的抑制作用，可提取后用于果蔬类产品保鲜添加剂。研究表明，1-MCP 处理蓝莓果实后，不仅能够抑制呼吸作用和乙烯的生产，延缓果实中可溶性固形物、总酚等物质的下降，同时能够显著降低果实的腐烂率，维持产品采后品质。

(四) 生物保藏

利用现代生物技术对经济林产品进行保藏，是近年来新兴的具有发展前途的贮藏保鲜方法。生物保藏技术大体可以分为生物防治保藏和基因工程保藏。

1. 生物防治保藏

生物防治主要包括利用拮抗微生物及从动植物、微生物中提取或通过生物工程技术获取的安全、健康、无毒的物质进行采后贮藏保鲜，具有来源广泛、安全无毒、绿色环保等优点，是鲜食类经济林产品贮藏保鲜技术未来发展的主要趋势。近年来，化学农药对环境和农产品的污染直接影响到人类的健康。世界各国都在积极探索能代替农药的防病新技术，而生物防治是经济林产品保藏卓有成效的新方法。研究证实了多种病原真菌可引起蓝莓果实采后腐烂，黑附球菌及其发酵产物能够抑制多种病原菌生长，降低由灰葡萄孢引起的蓝莓果实采后灰霉病的发病率。

2. 基因工程保藏

近年来，随着科学技术的发展，基因工程在经济林产品保藏上的应用越来越广泛，使得人为调控产品采后的生理代谢变得更为有效。利用遗传基因进行保鲜是生物技术在经济林产品保鲜领域上应用的又一突破，它是通过遗传基因的操纵，由产品内部控制后熟。具体做法为，用 DNA 重组技术来修饰遗传信息，或用反义 RNA 导入技术来抑制成熟基因的表达，进行基因改良，达到推迟成熟衰老，延长贮藏期的目的。乙烯是诱导经济林产品采后成熟衰老的关键因素，通过转基因技术可以抑制采后乙烯的生物合成，延缓经济林产品成熟衰老。基因工程技术应用于改善经济林产品贮运性能的研究有 ACC 合成酶、ACC 氧化酶、多聚半乳糖醛酸酶、果胶甲酯酶等。

第三节　经济林产品加工

经济林是指以生产果品、蔬菜、油料、饮料、调料、药材和工业原料等为主要目的的林木。经济林产品的主要种类有：果品、木本粮食、木本蔬菜、木本油料、木本调料、木本饮料、木本药材以及工业原料。

一、果品加工

果品加工方法较多，其性质相差较大，不同的加工方法和制品对原料的要求不尽相同。根据加工品的制作要求和原料本身特性来选择合适的原料非常重要。例如，制作果汁及果酒、果醋产品时，一般选择汁液丰富、取汁容易、可溶性固形物含量高、酸度适宜、风味芳香独特、色泽良好及果胶含量适宜的种类，如葡萄、菠萝等；制作干制品时则选择干物质含量较高、水分含量较低、可食用部分多、粗纤维少、风味及色泽好的品种，如枣、柿、山楂、苹果等。

经济林果品加工类型主要有：果汁产品、果酒和果醋产品、干制品、罐藏制品、果品糖制、果品速冻等。不同的加工制品其加工方法也各不相同。

(一) 果汁

果汁是指直接从新鲜水果取得的未添加任何外来植物的汁液，还有以果汁为基料，加入水、糖、酸或香料调配而成的果汁饮料。果汁产品根据工艺不同可分为澄清汁、混浊汁、浓缩汁三种，其加工流程略有不同，但主要是选取新鲜水果，经过挑选、清洗破碎、酶解、榨汁或浸提、过滤、浓缩或调配、包装、杀菌等加工工序制成果汁，并在规定贮藏条件下有一定的货架期。

以澄清果汁为例其加工工艺流程为：

原料→分级→清洗→挑选→切分→加热→破碎→榨汁→酶解处理→澄清→过滤→调配→脱气→灌装→杀菌→冷却→检测→成品

(二)果酒

果酒是以适宜水果味基础原料经过酒精发酵等工序酿制而成的含醇饮料。果酒原料种类繁多，发酵工艺各具特色，产品品种种类也非常多，但最具影响且产量最大的果酒当属葡萄酒。根据酿造方法和成品特点不同，一般将果酒分为发酵果酒、蒸馏果酒、配制果酒、气泡果酒四类。以大宗品类葡萄酒为例，按其色泽分为白葡萄酒、桃红葡萄酒、红葡萄酒三种。按含糖量可分为干葡萄酒、半干葡萄酒、半甜葡萄酒、甜葡萄酒四种。按二氧化碳含量则可分为平静葡萄酒和气泡葡萄酒两种。按加工方法可分为发酵酒、蒸馏酒、特种葡萄酒等。

果酒酿造的核心理论主要是靠果酒酵母菌将果汁(浆)中的糖类分解成酒精、二氧化碳和其他副产物的反应过程及在陈酿澄清过程中进行的酯化、氧化还原与沉淀等作用。以红葡萄酒为例介绍其酿造工艺：

原料选择→破碎→去梗→添加二氧化硫→果胶酶处理→调整成分→浸渍发酵→压榨→分离→后发酵→苹果酸-乳酸发酵→陈酿→澄清处理→过滤→调配→装瓶与杀菌

(三)果醋

果醋的加工方法可以归纳为鲜果制醋、果汁制醋、鲜果浸泡制醋、果酒制醋四种。鲜果制醋是将果实先破碎榨汁，再进行酒精发酵和醋酸发酵。其特点是产地制造，成本低，季节性强，酸度高，适合做调味果醋。果汁制醋是直接用果汁进行酒精发酵和醋酸发酵。其特点是非产地也能生产，无季节性，酸度高，适合做调味果醋。鲜果浸泡制醋则是将鲜果浸泡在一定浓度的酒精溶液或食醋溶液中，待鲜果的果香、果酸及部分营养物质进入酒精溶液或食醋溶液后，再进行醋酸发酵。其特点是工艺简单，果香味好，酸度高，适合做调味果醋和饮用果醋。果酒制醋是以各种酿造好的果酒为原料进行醋酸发酵。

制醋工艺中，醋酸发酵是一个重要工序。果醋发酵的方法有固态发酵、液态发酵和固-液态发酵三种方法。

以固态发酵法为例其工艺流程为：

果品原料→切除腐烂部分→清洗→破碎→加酵母菌种→固态酒精发

酵→加麸皮、稻壳、醋酸菌→固态醋酸发酵→淋醋→陈酿→过滤→灭菌→成品

（四）果干

干制品加工是在自然或人工控制条件下促使产品水分蒸发脱除工艺的过程。干制品的一大特点是能够耐久贮藏，是非常重要的果品加工贮藏方法。经济林果品的干制方法可分为自然干制和人工干制两大类。

自然干制就是在自然条件下，利用阳光和风力进行产品干制的方法。人工干制则是人为地控制和创造干燥工艺条件的干燥方法，主要的人工干燥设备有烤房、柜式干燥设备、隧道式干燥机、带式干燥机、滚筒式干燥机、流化床式干燥机、喷雾式干燥机等。

干制品制作的工艺流程是：

原料→挑选、整理→清洗→切分→烫漂（硫处理）→离心或挤压脱水→干燥→干制品

（五）罐头

罐头制品是指经过一定处理，密封在容器中，并经过杀菌且在室温下能够较长期保存的食品。罐头食品主要有糖水类水果罐头、糖浆类水果罐头、果酱类水果罐头、果汁类罐头、坚干果类罐头、汤类罐头等。罐藏食品的关键是罐藏容器，目前国内外普遍使用的罐藏容器是马口铁罐和玻璃罐。

罐头制品的工艺流程为：

原料→预处理→装罐→排气→密封→杀菌→冷却→保温检验→包装→成品

（六）糖制品

果品糖制是利用高浓度糖液的渗透脱水作用，将果品加工成糖制品的加工技术，糖制品按加工方法和状态可分为果脯蜜饯和果酱类。经济林产品经糖制后，其色、香、味、外观状态和组织都有不同程度的改变，从而大大丰富了食品的种类。糖制品加工的主要工艺是糖制，糖制方法主要有加糖煮制（糖煮）、加糖腌制（蜜制）。

以果脯蜜饯类介绍糖制工艺流程：

原料→预处理→预煮→加糖煮制（蜜制）→装罐→密封杀菌→液态蜜饯→干燥→上糖衣→干态蜜饯

（七）速冻果品

果品速冻是利用人工制冷技术降低食品的温度，使其达到长期保藏而

较好保持产品质量的重要加工方法之一。果品速冻要求在30分钟或更短时间内将新鲜水果的中心温度降至冻结点以下，把水分中的80%游离水尽快冻结成冰。果品速冻的方法有空气冻结法、间接接触冻结法和直接接触冻结法。

果品速冻的工艺流程为：

原料→分级→清洗→去皮或切分等整理→烫漂或糖液浸渍→预冷却→速冻→包装→冻藏

二、木本粮食加工

我国木本粮食资源丰富，主要有板栗、枣、柿、银杏以及栎类等。木本粮食加工产品多样，不同的产品其加工方法各有不同。

(一)制粉

制粉是一种有效的食品加工方式，很多木本粮食产品都通过制粉的方式进行长期保存以及再加工。例如，板栗粉、枣粉等，板栗粉可以再加工制成板栗糕，添加到其他食品中，可以改善食品的结构和品质，在市场上非常受欢迎；枣粉可以再加工成枣糕。制粉的加工方式相对简单易操作，将原料进行脱壳等预处理后，再进行干燥后磨制成粉即可。

(二)罐头

如板栗可以加工制成糖水板栗罐头，其加工方法是选择新鲜饱满、无霉变或机械损伤的板栗，果内呈淡黄色、风味正常的板栗，经过脱壳除衣护色热烫等工序后，装罐加糖水，再经过排气和快速冷却制成糖水板栗罐头。

(三)果脯

如板栗可以加工制成板栗果脯，其加工制作方法是选择新鲜、合格的板栗，经过脱壳除衣、预煮、糖渍、沥糖等加工工序，最后干燥并包装成成品。

(四)糖制

如板栗可以制作糖炒板栗，枣可以制作成无核蜜枣，都是我国传统的糖制加工方法。糖炒板栗的主要加工方法是：板栗经过挑选、清洗、浸泡后，在板栗壳上开口，炒制中加糖翻炒直至板栗炒熟后出锅，最后经过筛选后得到成品。无核蜜枣的加工方法是挑选个大核小的红枣，去核后进行煮制，然后将煮好的枣和糖液倒入容器中，浸泡适当的时间后将枣捞出，摊开并烘干直至枣皮产生均匀的皱缩面，冷却包装即成成品。

（五）干制品

如干枣，柿饼。干枣的制作主要以自然晾干和烘干法为主，自然晾干法首先选择大小、色泽合格的鲜枣，清洗后放在室外自然晾晒，期间勤翻动，暴晒5~6天，即可制成干枣。烘干法则主要是利用烘干室调整控制水分排出，当枣含水量在20%~30%时可以取出，放在遮阴处。柿饼的加工方法主要是在霜降后采摘柿子，经过去皮后将柿子进行晾晒或烤房烘干，持续观察柿子状态，并多次捏饼后，将晾好或烘好的柿饼放在阴凉处保存上霜。

（六）制汁、制酱

如柿子汁，板栗酱等。柿子汁是将柿子清洗沥干后，经过去皮等预处理，煮制后经过过滤得到柿子汁，同时柿子汁还可以继续加工成柿子醋、柿子酒等产品。板栗酱的生产方法主要是选择籽粒完整的板栗，经过热烫、去壳除衣、护色、漂洗、打浆后进行浓缩成酱，再经过调配后装罐杀菌冷却制成成品。

（七）脆片制品

如枣脆片，是利用膨化或非膨化方法制作的枣制品。其主要生产方法是将新鲜的枣经过预处理后，进行膨化处理，然后经过冷却分拣等工序制作成枣脆片。其中膨化是该方法的核心生产技术。

三、木本油料加工

我国木本食用油料主要有油茶、核桃、油棕、油橄榄、文冠果等。

油脂提取主要有两大步骤，一是油料预处理，二是植物油制取。

预处理工艺包括清理除杂、剥壳、破碎、软化、轧坯、蒸炒、挤压膨化等。同时需要注意，由于油料种类的多样性，在实际的油料预处理过程中，这些工序不一定都采用，需要视油料自身的特性（如含油率高低、含水量多少、形态大小等）和制油工艺而定。

植物油制取的方法包括物理压榨法、有机溶剂浸提法、超临界流体萃取法、水溶剂法和水酶法。生产上主要以物理压榨和有机溶剂浸提法为主，后者则多见于大型油厂。超临界流体萃取法主要用于特种油脂或精油提取。水溶剂法主要用于特殊油脂的制取。水酶法则主要处于试验阶段。

四、木本蔬菜加工

木本蔬菜野味浓郁，风味独特，矿物质含量高，富含多种维生素、蛋白质、膳食纤维等，是一项极具开发潜力的食品资源。根据木本蔬菜的可食用部位和器官的不同，可将作为蔬菜食用的木本蔬菜分为茎菜、叶菜、花菜、果菜四大类。例如，扁核桃的茎叶水烫、浸泡后可以炒或拌食；槐树花洗净后水烫，可以油炸或包包子；香椿的嫩叶可以炒、拌、摊鸡蛋等；榆树的幼果(榆钱)可以煮粥、做馅等。

木本蔬菜的加工方法主要有腌制、糖渍加工，罐头加工和脱水菜加工三大类。

(一)腌制

腌制加工产品也称酱腌菜，如酱菜、咸菜、泡菜、酸菜都属于腌制加工产品。腌制加工又分为非发酵性腌制品和发酵性腌制品两种。

1. 非发酵性腌制品

腌咸菜类，是将蔬菜经过盐腌的制品。根据制品状态不同可分为：湿态，即腌制成后，菜不与菜卤分开，如腌香椿等；半干态，即制成后，菜与菜卤分开，如榨菜等；干态，即腌制成后，再经不同的方法干燥的，如霉干菜等。

酱渍菜类，这类产品的加工方法是先将原料用食盐腌制成半成品，再将半成品进行酱渍处理，使产品具有浓郁的酱香味，如酱黄瓜等。

醋渍品，这类产品的加工方法通常是先用少量的食盐腌制原料，再用食醋进行浸渍或调味而成，如糖醋蒜等。

菜酱类，以蔬菜味原料经过预处理后，再拌和调味料、香辛料制作而成的糊状蔬菜制品。

2. 发酵性腌制品

干盐腌制法，其加工方法是在腌制过程中不用加水，而是将粉末状的食盐与蔬菜均匀混合，利用腌出的蔬菜汁液直接发酵而成产品。

盐水腌制法，将蔬菜放入预先调制好的盐水中进行发酵。

(二)糖渍

如食用玫瑰花，可以做糖渍玫瑰，其加工方法是将玫瑰花放入容器中，加入适量的糖拌匀，并将花瓣揉碎，密封放置后制成成品。

(三)罐头

缺头即经过一定处理，密封在容器中，并经过杀菌而在室温下能够较长期保存的蔬菜食品，如笋罐头。

(四)脱水菜

脱水菜是通过自然或人工干燥法，减少蔬菜中的水分，从而达到长期保存，方便食用的目的。其中，自然干制是利用自然条件(如阳光、热风等)使蔬菜干燥；人工干制则是利用烘房及现代化机械设备等使蔬菜干燥。

五、木本调料加工

木本调料种类繁多，木本植物可做调料的部位也各不相同，果、树皮、叶子、种子等都可作为调料。如八角的果、花椒果都是著名的调味料，桂皮即桂树的树皮，也是常见的调料，另外桂树的叶子即我们常见的香叶，也是重要的调味料。

(一)干制

干制即将新鲜原料除杂洗净后，进行干燥处理。主要有自然干燥和人工干燥法。如八角采收后，经过预处理，摊开自然晾晒制成干八角成品；将桂树的树皮剥离后，干燥后制成桂皮成品。

(二)粉制

如十三香，将多种调味料混合磨制成粉，是我国传统的调味料。

(三)调料油

如花椒油，即将花椒进行皮、籽分离等预处理后，经过油脂提取的方法从花椒籽中提取花椒籽油。

六、木本饮料加工

(一)果汁

果汁是指直接从新鲜水果中取得的未添加任何外来物质的汁液，如猕猴桃汁、沙棘汁等。果汁产品加工流程主要是选取新鲜水果，经过挑选、清洗破碎、酶解、榨汁或浸提、过滤、浓缩或调配、包装、杀菌等加工工序制成果汁，并在规定贮藏条件下有一定的货架期。还有以果汁为基料，加入水、糖、酸或香料调配而成的果汁饮料，如核桃露、杏仁露等。另外还有经过浓缩后得到固体饮料。

(二)茶

茶是世界三大饮料之一，我国茶文化历史悠久，久负盛名。我国茶种类丰富，加工品也多种多样，但制茶工艺万变不离其宗。目前有传统手工炒制和机械加工等方法。

传统手工炒制遵循“抖、搭、搨、捺、甩、抓、推、扣、压、磨”十大手法进行。机械加工则有单机组合、自动化连续化生产线等现代工艺。同时也有机械与手工相结合的制茶方式。

(三) 粉制

如咖啡、可可等木本饮料是通过粉制后冲泡饮用的饮料。以咖啡为例，将咖啡豆经过烘焙与研磨后，进行过滤即可制成咖啡粉。

七、木本药材加工

木本植物可入药的种类及部位非常多，如枸杞、连翘、杜仲、山楂、牡丹、木香、银杏等的相关部位都可入药，另外还有一些植物中含有可提取的有药用价值的功能物质，如元宝枫中含有的神经酸。

(一) 药材产地加工

药材产地加工是通过中药材产地加工，对药用植物进行初加工的一种药材初加工方法。其基本的工艺形式为：分级，净制，其中净制方法有水洗、刮皮、烫、蒸等。

(二) 药材炮制

中药材炮制方法包括漂、洗、水飞、炮制等方法。经过产地加工及炮制后，中药材还可进一步制成重要饮片、汤药等重要产品。

(三) 功能物质的提取

从陈皮、花椒、银杏叶中提取的黄酮类物质能够防治心脑血管等疾病，一般采用超声波法提取、液相色谱法测定；从海棠果实中提取的多酚物质有抗炎、抗肿瘤等作用，一般采用醇提法提取；从橄榄油中提取的角鲨烯能够促进血液循环，增进细胞新陈代谢，一般采用有机溶剂提取法、皂化法以及固相萃取法、超临界 CO_2 萃取法等；从元宝枫果实中提取的神经酸能够有效预防和治疗神经系统疾病等，一般采用高速逆流色谱法纯化神经酸；从柑橘、猕猴桃中提取的叶酸能够提高免疫力、参与遗传物质和蛋白质的代谢等，一般采用固相萃取法提取叶酸；从山楂、木瓜、枇杷等中提取的三萜酸类化合物具有抗菌、抗病毒、抗肿瘤、降脂、降血糖、提高机体免疫力等作用，一般采用浸泡提取和超声辅助提取工艺进行提取。

八、工业原料加工

木本工业原料即利用木本植物的叶、皮、枝、果实、种子或其提取物作为工业生产原料。木本工业原料种类繁多，工业品更是种类繁杂，如橡胶类、染料类、植物油类等。

(一) 橡胶制品

橡胶制品生产过程中主要涉及橡胶的炼胶、压延、硫化等工序，是与我们日常生活联系非常紧密的一类木本植物工业原料。

(二)染料类

很多植物都可以作为染料应用。如樱花可以在纺织物上染出不同色度的红色，苏木色相丰富，深受青睐。以苏木色素为例，其加工方法主要是采用水煮法进行提取。

(三)植物油类

生物质油料是近年来工业上大力发展的工业用油，如无患子油等。其提取方法可参照木本油料的提取方法。

(四)树脂

如松香，是一种油松树脂。其提取方法主要有伐树取脂法、凿孔取脂法、鳞刺法，并用煮、蒸、烧的方法加工和提炼出松香、松节油。

(五)多途径利用

很多树种的叶、果、花、茎等都有重要用途，如无患子的果皮能够提取皂苷，是天然的洗涤产品，种仁中含有油脂，是重要的生物柴油原料，叶子、根可以入药，而且无患子树是南方少见的黄叶观赏树种。元宝枫是我国常见的观赏树种，元宝枫的种子可以提取油脂，且提纯出的神经酸以及叶片中提取的黄酮类物质具有重要的药用价值。漆树是我国古老的经济树种，漆树籽可以榨油，木材坚实可做用材树种，且漆液是天然树脂涂料。

第四节 经济林产品质量管理

经济林产品是具有一定营养价值可供食用，并可经过一定生产、加工程序制作的食品。经济林产品品质好坏是影响产品贮藏寿命、加工品质好坏以及市场竞争力的主要因素，通常以色泽、风味、营养、质地与安全状况来评价其品质优劣。

一、经济林产品质量内涵

经济林产品质量主要包括两个方面的内容：①产品的品质质量，包括外观、口感、营养、耐贮性等；②产品的食用安全性，即安全质量，如农药残留、有毒有害物质超标等。而经济林产品质量检测就是通过使用感官的、物理的、化学的、微生物的方法对经济林产品的感官特性、理化性能及卫生状况进行分析检测，并将结果与规定的标准进行比较，以确定每项特性合格情况的活动。经济林产品质量检测的基本内容包括：感官检验、理化检验、微生物检验。

产品的质量是经济林产品工业生产中至关重要的问题，如何衡量、评定及保证经济林产品的质量，有赖于经济林产品生产的标准化及经济林产品质量管理与质量监督。经济林产品企业标准化包括了技术标准、管理标准和工作标准，其中产品的技术标准即是质量标准，是直接衡量产品质量的尺度。根据标准性质和使用范围，经济林产产品质量检测标准可分为国际标准、国家标准、行业标准、地方标准和企业标准等多种。

二、样品抽取、运输、制样及贮存

抽样要求随机取样，样品具有代表性、适量性、原样(状)性和公正性。如坚果类、油茶籽类用随机法在种植区内 5~7 棵树的上、中、下、里、外等不同部位采集。样品采用现场抽取、混合均匀后，分别包装，一份为待测样品，一份为备份样品，并现场封样。

加封后的样品在 48 小时内送达检测实验室。运输工具应清洁卫生，外包装结实、避光、透气，如有条件，可低温运输。

制备样品时应戴一次性手套，制备每一个处理的样品后，都应更换手套，清理制样设备，防止交叉污染。

样品贮存时，需要在标签上标注样本名称、抽样时间地点、样本的实验室为以标识、贮存日期、贮存方式、贮存地点、制样数量、制样人签名等。

三、常见检测内容和方法

酸度测定：酸度测定以酚酞为指示剂，用氢氧化钠标准溶液滴定至终点(溶液显淡红色)，0.5 分钟不褪色即可。

水分测定：水分测定的方法主要有直接干燥法、减压干燥法、化学干燥法、红外线干燥法、微波干燥法、蒸馏法、化学法、水分活度值测定法、近红外线分光光度计法等。

矿物元素的测定：钙、铁、碘等矿物元素是果蔬产品质量检测项目之一。其中，钙的测定采用乙二胺四乙酸钠(EDTA)滴定法、高锰酸钾法、原子吸收分光光度法等。铁的测定主要采用邻二氮菲比色法、原子吸收分光光度法、化学法等。碘的测定则主要采用氯仿萃取比色法、溴水氧化法等。

脂类、蛋白质、氨基酸的测定：脂类物质主要采用索氏提取法、酸水解法等进行提取和测定。蛋白质采用双缩脲法、紫外分光光度法、水杨酸比色法等快速测定方法，以及凯氏定氮法测定蛋白质含量。氨基酸则是利用氨基与甲醛溶液反应显示酸性，用氢氧化钠标准溶液滴定法测定。

糖类的测定：还原糖采用直接滴定法、高锰酸钾滴定法测定；蔗糖和总糖是用酸水解后采用还原糖的方法进行测定。

维生素的测定：维生素 A 常用的测定方法有三氯化锑比色法、紫外分光光度法、液相色谱法等。胡萝卜素采用层析分离法。维生素 D 的分析测定方法有气相色谱法、液相色谱法、薄层层析法、紫外分光光度法、三氯化锑比色法、荧光法等。维生素 B_1 的测定采用荧光分光光度法、荧光目测法、高效液相色谱法等。维生素 B_2 的测定方法有荧光分光光度法、高效液相色谱法、微生物法等。维生素 C 的测定方法有 2,6-二氯靛酚滴定法、2,4-二硝基苯肼比色法、荧光法、极普法、高效液相色谱法等。

功能成分检测：黄酮类物质用液相色谱法测定；多酚物质采用酒石酸亚铁比色法检测；角鲨烯则采用气相色谱法、高效液相色谱法、超高效液相色谱法、气质联用法测定；神经酸采用反相高效液相色谱法测定；叶酸采用氧化衍生荧光法测定；三萜酸类物质采用高效液相色谱法测定。

农药残留的检测：油茶籽、坚果、竹笋中农药残留测定按 NY/T 761—2008 执行；经济林产品中噻嗪酮测定按 GB/T 5009.184—2003 执行；经济林产品中有机氯农药残留测定按 GB/T 5009.19—2003 执行；经济林产品中多菌灵测定按 GB/T 23380—2009 执行。

黄曲霉毒素检测：经济林产品(油茶籽、坚果)中黄曲霉毒素测定按 GB/T 5009.23—2006 规定执行。

重金属检测：经济林产品中总砷测定按 GB 5009.11—2014 规定执行；铅测定按 GB 5009.12—2017 规定执行；镉测定按 GB 5009.15—2014 规定执行；总汞测定按 GB 5009.17—2021 规定执行；铬测定按 GB 5009.123—2014 规定执行。

第八章

经济林培育利用新技术

第一节　经济林轻简栽培技术

一、轻简化定植及土壤管理技术

标准化建园技术是实现轻简化栽培的重要前提，园地规划与建园时，预留适宜的行距和行头；对于棚架栽培树种，棚架高度 2m 以上，苗木定植时，尽量做到横看和竖看一条直线；根据树种对自然环境的生物学要求，按照建园目标(无公害生产、绿色生产和有机果品生产)，进行品种区划，遵循“适地适树”原则，在最适宜区和适宜区进行栽培，以充分发挥品种优势，用较少投入，取得最大的经济效益；选用苗圃中培育的三年生及以上优质带分枝的嫁接苗进行定植，优先选用矮化砧或矮化中间砧嫁接苗，主栽品种控制在 2~3 个，并配置高效授粉品种；山区定植时实行坡改梯，利用便携式挖穴机开挖定植穴，一次性施入充足有机肥；干旱地区定植时使用保水防旱材料，如保水剂和高脂膜等，提高成活率。

利用小型机械进行开沟施肥和深翻等土壤管理，果实采收后结合秋冬有机肥的施入，施肥深度应达到 40cm 以上，至少两年 1 次；采用平衡施肥方式进行追肥，即根据树体的需肥规律、土壤供肥特性与肥料效应，在有机肥为基础的条件下，根据产量和品质要求，按比例适量使用氮、磷、钾和微肥；种植绿肥，如紫穗槐、草木犀、沙打旺、紫花苜蓿等，增加土壤有机质，改善土壤理化性质；根据不同生长阶段需水、需肥规律，研发专用缓释肥，实现按需施肥、精准施肥；针对山坡和丘陵地果园，采取覆盖和覆膜等措施进行保墒。

二、轻简化树体管理及花果调控技术

经济林修剪发展趋势总体是修剪技术由繁到简，由人工向机械、化学结合发展，树形由高、大、圆向矮、小、扁发展，骨干枝和分枝级次由多向小，个体枝剪为主向群体综合调控发展。幼树阶段以扩大树冠，培养主次分明、通风透光的树型为主；进入结果期后，注意控制冠幅高度，培养高光效省力化叶幕，综合利用物理和化学方式控旺促花，控制树势中庸，减少修剪次数；对初果期幼树和自然坐果率偏低的树种，在加强土肥水管理、合理整形修剪的基础上，采用人工或机械辅助授粉、花期放蜂授粉、结合喷施赤霉素、B9、多效唑、萘乙酸等生长调节剂及硼酸等措施进行保花保果；对于大小年严重的品种，则需要通过人工或化学进行疏花疏果，做到合理负载。

三、轻简化采收及采后初加工技术

经济林果实采收期的早晚对果实产量、品质及耐贮性有很大的影响，主要根据果实的具体用途和市场情况，结合果实主要品质指标，综合判断果实成熟度，确定采收期。随着图像识别和人工智能深度学习技术的快速发展，果实成熟度识别快检APP和终端装备研发逐渐受到重视，集成4G/5G通信和无人机技术，开发自巡航电动山地索/轨快速输运设备，建立丘陵山地经济型机械化生产模式和轻简化成套装备设施，有助于实现果实轻简化采收；通过主产区果实采后预处理及贮藏的标准化技术体系的建立，实现果实采前采后处理和贮藏技术体系的标准化和可视化。

四、低产园轻简化改造技术

目前，大部分经济林低产园产生的原因主要与盲目扩大面积、苗木质量差、土壤肥力低、果园整齐度差、管理粗放等因素有关。因此，解决的办法主要有：科学规划，克服盲目性，重视产业链的延长，提高经济收益；以各地适砧树选优为主，采用高接换冠技术进行品种改良；扩大有机肥源，合理化肥用量，提高土壤肥力；制定区域品种技术标准；针对密植园采取间伐疏密、树形优化的措施。

第二节 经济林生态经营技术

经济林生态经营必须兼顾生态和经济双重效益，是新形势下经济林产业发展势在必行的举措。经济林生态经营是以林果生产为主导，科学配置园区植物、动物和微生物的种群结构以及合理利用光、热、水、气、土资源，实现生态合理、经济高效、环境优美、能量流动和物质循环通畅、可持续发展的农业生产体系，既包括工程措施的科学配置，又包括生物措施的优化组合。

(1)采用套种绿肥技术，实现土壤保水增肥，增加土壤动物和微生物的种类和数量，培植富足的“土壤库”；因地制宜地实行果园间作、混作和立体种养，综合发展林果业、畜牧业、草业和果园有机肥生产，实行以草养畜、以畜积肥、以肥沃土、沃土养根、养根壮树、壮树丰产的发展方式，构建起以果、牧、草、沼为主线的果园生态经济系统。

(2)按照适地适树原则，以市场需求为导向，在最佳生态区建设生态果园，合理布局经济林产业，选育和栽种多种多样、适生、适市、周年均衡供应、经济价值高的名、特、优、新、稀经济林品种；针对低产园，进行以高接换头为主要技术的品种结构调整。此外，通过调整经济林产工业产品结构，发展精深加工，发展优势产品，延伸产业链，增加附加值，解决林产品结构不合理和产品缺乏竞争力的问题。

(3)通过经济林产业区域化发展，在发挥特色生态经济林经济价值基础上，实现经济多元化发展。例如，我国西南地区，土壤较其他地区肥沃，在林区可以种植相应的天麻、药材等多种植物，进行多元化经营；东北地区通过集约栽培红松果林，栽培与红松果林、水曲柳、胡桃楸间作的大榛子、红豆杉、沙棘、蓝莓等经济树种，形成具有特色的林果和生物质能源产业发展格局；在开阔的区域可以开展林区养殖产业，促进现代经济林的经济作物结构多元化，实现林区经济稳步发展。

(4)建立经济林生态补偿绩效评估与考核制度，建立健全国家经济林生态标志产品认定评估体系，完善生态型经济林的补偿制度，推动经济林产业发展生态化。

第三节　经济林绿色栽培

一、绿色栽培的环境要求

土壤中不存在任何有害及有毒成分超标问题，有较高的有机质比例；园区远离厂矿等设施，确保有较佳的空气质量；水源须未遭受污染。

二、栽培技术要点

绿色生产栽培技术主要是在肥料和农药选择方面。首先在选取肥料时需要遵循相关部门颁布的《生产无公害绿色食品的肥料使用准则》，确保肥料的运用不会对果品品质及环境造成不利的影响，把果品当中所含的有害物质限定在对人体不造成危害的范围内，倡导施用有机肥、微生物肥料，少施甚至不施化学合成肥料。农药的选取需要满足《生产无公害绿色食品的农药使用准则》的要求，遵循“绿色环保”植保理念，综合物理防治、生物防治、生态防治及农药合理施用技术，从而起到控病虫害的目的。倡导选取的农药主要有波尔多液及石硫合剂等矿物源农药、烟碱等植物源农药、菌毒清以及多抗霉素等生物农药、灭幼脲类的昆虫成长调节剂及残留少且效果佳的选择性农药。

三、园区生草制度

园区生草是指在果园行间或全园长期种植多年生植物的一种土壤管理办法，分为人工种草和自然生草两种方式，适于在年降水量较多或有灌水条件的地区。人工种草草种多用豆科或禾本科等矮秆、适应性强、耗水量少的草种，如毛叶苕子、三叶草、鸭茅草、黑麦草、早熟禾、高羊茅、百脉根、二月兰和苜蓿等；自然生草利用田间自有草种即可。当草高20~30cm时，留茬5cm收割，收割的草可覆盖在树盘或行间，使其自然分解腐烂，或结合畜牧养殖过腹还田，增加土壤肥力。人工种草一般在秋季深翻后播种草种，可减轻清除杂草的工作量。为解决果园生草与树体争夺肥水的问题，在草旺时进行适当补肥补水。

第四节　经济林资源循环利用技术

一、区域循环利用模式技术

以各地经济林主导产业为基础，通过区域范围关联产业的投入和产出关系，促进区域专业化和分工合理化，形成具有特色的区域经济林循环利用模式。例如，以沼气为纽带的“禽畜-沼-果”生态循环模式，将禽畜等的废弃物转化成优质有机肥，返还土壤，改善土壤品质，提高林果品质，利用家禽取食青草、害虫的习性，达到抑制杂草、减轻虫害的目的，进而减少农药的使用量，在将猪粪等废弃物转换为肥料的同时，产生的沼气又可以用于养殖企业、果农及村民的炊事照明等日常生活，减少了秸秆、薪柴和煤炭的燃烧，减轻了空气污染。做到在长期不对环境造成明显改变的条件下具有较大的生产力，以环境友好的方式利用自然资源，最大限度地降低单位产出的农业资源消耗和环境代价。

二、经济林副产品综合利用模式

大部分的林果产品具有很高的综合开发利用价值，因此，在经济林产业较发达地区，利用现代生物技术和高效提取技术，建设林产品资源化基地，充分进行经济林副产品的综合利用，创制系列高附加值产品，通过相关产品的副产物天然活性物高效分离制备及综合利用技术，实现副产物资源化综合利用。例如，针对核桃青皮中富含的多酚类等物质，进行医药、保健食品方向的开发；利用茶粕、茶籽壳等残余产物，提取茶皂素、木质素、多缩戊糖和蛋白等；对茶皂素等特定提取物进行分子特征定向设计，开发憎水性显著增强的表面活性剂。

第五节　经济林产业机械化和智慧管理技术

一、经济林产业机械化技术

农机农艺有机融合是实现经济林机械化生产的内在要求和必然选择，经济林树种多是深根性树种，以低山丘陵地带栽培为主，其林内易形成各种杂灌，如何高效清除深根性的杂灌以防止其与树种根系争水争肥是经济林抚育管理的关键，开发便携且易操作的可根除深根性杂灌(草)的除灌机及轻简高效垦复机，是实现机械化除草及土壤复垦的关键；此外，目前林果的采摘主要靠人工，人工采摘劳动强度大，成本高，亟须机械化采摘，特别针对种植在丘陵山区2~3m宽的条带上的经济林树种，通过与农艺措施的融合，研发和推广高效集约化种实采收设备，是推动我国经济林可持续发展的关键举措。

二、经济林智慧管理技术

利用遥感及地面物联网一体化的技术，通过摄像头及各种传感器，采集所在区域的小气候农业环境参数信息数据和图像信息数据，通过无线网络或移动通信技术将采集数据传输到监管平台，集成遥感大数据、树体模型、图像视频识别、深度学习与数据挖掘等方法，构建树体长势、病虫害、水肥、产量等监测专有模型和算法，构建管理信息系统及智能农机平台，实现果园病害的快速监测与诊断，结合自动控制、传感器、农机装备等，利用数据赋能作业装备，实现果园生产智能化、可视化管理；通过应用数字化技术对系统进行有效控制，帮助经营者制定生产和销售计划，提高经济效益。例如，在园区肥水管理方面，使用传感器监测土壤中的水分和养分含量变化，传输到接收器，灌溉系统接到指令之后，就可以启动电磁阀开关，同时对果园的水分情况进行监测，在土壤水分达到预设值后下达指令关闭电磁阀结束灌溉，通过智慧化管理平台对土壤养分变化进行实时分析，促进果树产业更好地发展。

运用物联网技术，对果品从生产、流通到消费整个流程进行监管，完善安全追溯系统，保障产品安全。物联网技术中的RFID易于操控、简单实用，在安全管理中得到广泛的应用。采用智能手机为经济林产品质量的数据采集终端，结合区块链技术和“互联网+”技术，实现经济林产品的生产、运输等多个不同的环节进行全程记录，确保数据的真实性，避免篡改数据，保证数据的真实和透明。例如，通过手机扫描二维码即可获取当前苗木区域的库存信息或当前苗木的各项数据信息，包括胸径、树高、生长状况等。

第九章

经济林产品市场体系

第一节　经济林产品市场交易形态

一、现货交易与期货交易

经济林产品目前以现货交易为主，即一手交钱一手交货，交易过程是产品实体与产品所有权的转移同步进行。

随着经济林的不断发展，经济林产品的期货交易模式逐渐进入视野，尤其随着经济林的集约化、规模化经营和经济林产品的深加工，规模化的加工厂可以根据生产能力、销售能力、市场预期和容量等向生产者预订特定的经济林产品，并提前支付一定费用，约定交易的数量、质量、价格等细节，形成契约。

期货交易模式对经济林生产者有一定保障，规模化的经济林加工企业可以通过此模式一定程度上调节市场供求关系，一定程度上避免现货交易导致的供求关系周期性波动，因此也有利于经济林企业规避风险和经济林产品市场的健康发展。

二、经济林产品营销渠道

经济林产品营销渠道是指经济林产品从生产领域向消费领域转移的过程中，由具有交易职能的商业中间人连接的通道。通常这种转移活动经过各种批发商、零售商、商业服务机构(交易所、经纪人等)等中间环节，转移过程涉及实体、所有权、付款、信息和促销五个方面。

营销渠道与实体转移不同，经济林产品由产地运输到市场为实体转移，而由产地经批发部到市场售卖的过程为营销渠道。好的营销渠道能加速经济林产品流通，节省生产者的流通费用，加速资金周转；扩大产品的销售地域和范围；吞吐和调蓄产品，缓和地区性和季节性供求不平衡的矛盾。

经济林产品营销渠道通常包括六种：

第一种，生产者—消费者。这种属于直接渠道，生产者将产品直接出售给消费者，如消费者直接到果园购买经济林产品，果园采摘即属于此种营销渠道。但这种渠道的缺点是消费者居住分散，购买数量少，销量受限。

第二种，生产者—零售商—消费者。这种渠道属于一层渠道，如果农将水果整车运往城镇水果摊或店，以批发价分售给他们，消费者再从水果摊和店里购买。这种渠道要求经济林产品生产者自行将经济林产品运输至零售商，或零售商到经济林产品生产者处购买并运输回摊位或店面再销售。这种渠道相比直接渠道，能扩大销售范围，对消费者友好，但缺点为交易量仍有限，且销售地域仍不够广泛。

第三种，生产者—批发商—零售商—消费者。这种渠道是主流的经济林产品营销渠道，生产者和批发商之间经过一道收购商环节。经济林产品收购商有两类，一类是基层的独立收购站，一类是走街穿镇的个体商贩。这种渠道扩大了经济林产品的销售范围，生产者和销售商不必承担运输任务，批发商收购、运输的效率更高，覆盖范围更广，也避免了低产量、小规模生产者运输成本过高的问题。这种渠道也有缺点，即时效性相对低，对某些不耐贮运的经济林产品运输和销售要求高。

第四种，生产者—加工商—批发商—零售商—消费者。这种渠道是生产者将经济林产品出售给加工商而非收购商，主要适合原始状态不适合直接消费、必须加工的经济林产品。但这种渠道模式要求必须在经济林产地设有加工厂，便于生产者直接出售。同时这种模式也要求经济林产品的产量达到一定规模才可运行，否则经济林产地加工厂无法实现规模效应降低成本，无法盈利。

第五种，生产者—收购商—加工商—批发商—零售商—消费者。这种渠道在上一种模式上增加了收购商环节，因此最适合需要加工的经济林产品，加工厂可不必设在经济林产地，加工厂可同时接收不同地区的经济林产品，生产规模小的经济林生产者也可以通过此渠道维持经济林产品的生产和盈利。

第六种，生产者—代理商—收购商—加工商—批发商—零售商—消费者。这种渠道比上一种渠道增加了代理商，如部分农村地区有代购代销员，他们身份是农民，但是兼职为收购站工作，按收购额提取一定比例手续费作为报酬。这种渠道是上一种渠道的扩大，进一步扩大了加工厂接收经济林产品的地域范围和扩大规模，并有利于扩大销售区域。

第二节　经济林产品价格形成机制

经济林产品的价格不仅涉及产品本身的成本，还涉及市场供求关系、同类产品竞争和替代产品供给、政府对价格的管控指导等。

一、经济林产品成本

经济林产品成本是经济林产品价格的基础。成本可分为总成本和边际成本。总成本指经济林产品生产环节设计的总支出，包括苗木、化肥、工具材料、燃料动力、技术服务、固定资产折旧、管理、保险、销售等物质与服务费用以及人工成本。边际成本是指经济林产品增加 1 个单位的产量时，所增加的总成本数量。按照规模效益原理，随着经济林产品规模及产量增加，总成本相应递减。但值得注意的是，丰产未必丰收，产量的增加并非一定增加生产者收入。

二、经济林产品市场供需状况

市场供需状况大幅影响经济林产品价格。需求大于供给时，产品价格升高，由于利润增加，产品供给也会增加，同时价格攀升又限制了需求扩大，最终形成供需平衡，形成均衡价格；需求小于供给时，产品价格降低，产品供应会减少，且降低的价格可能刺激需求扩大，最终形成供需平衡，形成均衡价格。

三、同类产品竞争和替代产品供给

市场竞争是影响经济林产品价格的关键因素之一，竞争可分为同类产品竞争和替代产品供给。同类产品竞争，尤其是产品同质化现象严重时，价格战通常是不同生产者间竞争的主要方式，如相近品质的果品，时间和渠道成本相近，为了获取较高销量，部分生产者会主动降低价格以获取竞争优势。替代产品供给充足或价格较低时，也会通过分流本产品的市场需求进而影响本产品价格，如橄榄油的供应增加、价格降低会一定程度上影响到元宝枫油、核桃油等需求，进而影响后者价格。

市场结构也会影响经济林产品价格。如果生产者众多且产品同质性强，定价只能随行就市；如果生产者众多但产品之间存在差异，则存在较大的定价空间；如果生产者较少甚至极端情况下只有一家，则会形成独家垄断，在政策法律允许下形成垄断价格。此外，制定价格也体现生产者市场定位和发展战略以及不同产品生命周期阶段，生产者可采取“一锤子买卖”式的短期行为，也可以从长远发展角度采取有利于长远盈利的价格。

四、政府价格管制

经济林产品不仅关系到产品本身的生产、加工、销售、消费等环节，还关系到原材料供应所涉及的其他产业或行业，尤其是涉及重要战略原料、物资或者涨价导致加工产品、工业品涨价进而导致经济和社会问题时，经济林产品价格也可能受到政府的管控指导。此外，由经营者制定且通过市场竞争形成的市场调节价，政府也可以实施间接影响。

经济林产品价格确定后价格并非一成不变，而是根据供求关系、竞争状况做出主动或被动调整，确保生产者的竞争优势，由此也产生了相应的价格策略。

五、价格折扣

价格折扣是为了消费者及早付清货款、提高重复购买率、维护消费者忠诚度而适当降低价格的策略，包括现金折扣、数量折扣、功能折扣、季节折扣等。现金折扣优点在于缩短回款时间、减少坏账损失。数量折扣即所谓“批发价”，购买数量越多享受折扣越大，通过薄利多销获得规模效益，可增加销量、加速资金周转。功能折扣指生产者提供给不同中间商、批发商、零售商的折扣因类型、渠道不同而不同，典型代表是时下流行的电商直播带货模式，生产者给予直播电商的折扣更大。季节折扣主要针对水果干果等时令性强的经济林产品，通过折扣来促销产品，加速销售，减少因产品变质等造成的经济损失。

六、促销定价

促销定价可分为牺牲品定价和心理定价等方式。牺牲品定价是指销售商通过部分经济林产品的低定价来吸引消费者关注度，进而增加客流量或电商渠道的曝光量，带动其他产品销售。心理定价是指运用心理学原理来定价的技巧，如采取尾数定价，制定价格时可以保留位数如 99.99、888.88；再如稳定的定价从而形成习惯性价格，促进习惯性购买。

七、地理定价

由于经济林产品生产与区域自然资源、气候、地理环境等具有密切关系，因此可根据不同地区特点制定差异化的价格，如本地销售价格较低，异地价格较高；高需求市场定价较高，低需求市场定价较低等灵活策略。主要地理定价方式有统一交货定价、区域定价、基点定价和运费免收定价等方式。

第三节 经济林产品信息服务体系

一、经济林产品信息溯源必要性

近几年，互联网的应用拓宽了果品的流通渠道，电商生鲜平台、社区拼团、前店后仓、线上线下等销售方式大放异彩，人们也开始格外关注整个果品供应链的具体情况，包括种植、采摘、加工、运输等。目前的果品流程领域没有满足人们的知情权，导致购买的盲目性，增加了退换货风险。在这种市场背景下，能够溯源查询果品各供应链环节信息，才能保障商品持续稳定发展。

自 2004 年开始，北京、山东、上海、济南、福建等地纷纷启动食品和农产品溯源制度和系统体系。国家药品监督管理局先后制定了《肉类制品跟踪与溯源应用指南》和《生鲜产品跟踪与溯源应用指南》，国家质量监督检验检疫总局(现国家市场监督管理总局)出台了《出口水产品溯源规程》；中国物品编码中心借鉴欧盟国家经验编制了《牛肉制品溯源指南》等食品溯源制度。在应用方面，上海上线了食用农副产品质量安全信息查询系统，包括蔬菜、畜禽、禽蛋、粮食、瓜果、食用菌六个子系统，安装查询平台的超市大卖场已接近 50 家。果品溯源势在必行，将果品从种植到消费供应链关键环节信息化，通过收集和整理关键环节的有用信息，可以在相当程度上监控果品安全和流通；同时，通过信息管理，应用电子标签，将消费者评价反馈给果园，有利于果品产地环境改善，监督果品的生产过程，做到良性循环。

二、经济林产品信息溯源技术手段

(一)射频识别(RFID)

一般指射频识别技术。RFID 是 Radio Frequency Identification 的缩写。其原理为阅读器与标签之间进行非接触式的数据通信，达到识别目标的目的。引入 RFID 技术设计物流过程，可以记录并追溯果品供应链中商品来源的详细信息，如种植情况、施药情况、剪裁嫁接情况、生长周期、养护实施，确保消费者可以查看商品供应链体系中的各级来源。

果品溯源的关键是对果品种植和流通中各个主要环节的有用信息借助电子标签进行跟踪，其中包括果品的种植环境、采摘、贮运包装、销售、检疫、消费等若干环节。追溯系统分为服务器端和客户端，服务器端安装有数据库，统一为供应链各节点提供数据信息并进行信息交换，通过 RFID 电子标签整理果品种植和流程过程的各个环节信息并追踪，标签储存果品种植信息、采摘信息、物流环节控制信息、检疫信息、销售信息等，并对各个环节的信息进行数字化处理并展示，以反映果品种植与流通中品质、土壤环境、检疫、人员基本状况等变化信息。果品消费者利用客户端，通过网络、终端设备、二维条码等手段进行溯源查询，打通了安全监督渠道。消费者一旦发现果品质量或流通安全问题，可用电子标签对关键环节逆向追溯，最终确定问题根源，可逆向追溯至果农种植环节。

(二)数字签名

人类在很长一段时间内都是以手写签名、印或指模等来确认作品、文件等的真实性，包括认定作品的创作者、文件签署者的身份，推定作品的真伪或者文件内容的真实性。数字签名技术用于在数字社会中实现类似于手写签名或者印的功能，从而实现数字签名的整个过程。数字签名技术实际上能够提供比手写签名或印更多的安全保障。一个有效的数字签名能够确保签名的确是由认定的签名人完成，即签名人身份的真实性；被签名的数字内容在签名后没有发生任何改变，即被签名数据的完整性；接收人一旦获得签名人的有效签名后，签名人无法否认其签名行为，即不可修改性。在经济林产品产地溯源领域，可以将智能合约技术应用于食品生产、流通和交易的各个环节，从而有效地解决“信息孤岛”和“信息壁垒”等问题。

(三)区块链

区块链中的链式结构是数字签名中一项非常重要的技术。链式结构主要分为公有链和私有链，其中私有链式结构可以有效保护交易双方的隐私，并且交易延迟低、速度快，适用于隐私性较强的食品的产地溯源。区域链通常由四个部分组成，分别是区块、账户、共识、智能合约。它的特点是不可篡改，采用共识机制，比较开放，匿名也可以进行跨平台的操作。在供应链金融环节当中应用了分布式账本和加密技术，有效保护了信息，同时也引入了智能合约规范企业的行为。

第四节 经济林产品认证

一、地理标志

地理标志由“原产地名称”逐步演进而来，是一项重要的工业产权。世界贸易组织已将“地理标志”与商标、专利、工业品外观设计、版权并列为一项独立的知识产权。根据《中华人民共和国商标法》，地理标志是指标示某商品来源于某地区，该商品的特定质量、信誉或者其他特征主要由该地区的自然因素或者人文因素所决定的标志。地理标志权作为一项新兴的知识产权，正日益彰显其潜在的巨大经济价值。

地理标志运用于商品中，主要是为了与其他同类产品区分开来，彰显它的优秀品质。获得地理标志的产品，都是经过长期的打磨、提升而形成的，在社会上和公众中形成普遍共识和形象，复制模仿难，许多都与地域内历史和人文有深刻的联系，有些产品只要试一试，尝一尝，立即辨别出优劣，区分出真假。

地理标志运用于经济林产品认证中，可以概括出三个方面的含义：一是表明经济林产品的真实来源地；二是表明地理标志所在地的经济林产品具有广为人知的特定质量、信誉或者其他特征，它们明显优胜于其他地区的同类产品；三是表明该地区经济林产品质量、信誉或者其他特征本质上可归因于该地区的自然因素或人文因素。

二、无公害认证

无公害农产品的产生和发展，有其深刻的历史背景和社会基础，是我国农业阶段性发展的必然产物，也是我国经济发展和现代化进程的必然选择。为解决我国农产品基本质量安全问题，经国务院批准，农业部于 2001 年 4 月启动“无公害食品行动计划”，并于 2003 年 4 月开展了全国统一标志的无公害农产品认证工作。多年来，无公害农产品保持了快速发展的态势，具备了一定的发展基础和总量规模，已成为许多大中城市农产品市场准入的重要条件。

无公害农产品是指产地环境、生产过程、产品质量符合国家有关标准和规范要求，经认证合格获得认证证书并允许使用无公害农产品标志的未经加工或初级加工的食用农产品，是我国重点培育的公共农产品安全品牌。无公害农产品既是解决农产品质量安全问题的重要措施，也是促进农产品品质提升，带动农业标准化生产、产业化经营、品牌化营销、市场化发展，推进农业转型升级的战略选择。因此对于经济林产品的认证有着深刻的影响，经济林产品的无公害认证也会成为促进经济林产品发展的重要举措。

三、有机认证

我国社会经济快速发展，国民收入的提高，促使了人民对生活质量的提高，“有机食品”是根据有机农业的标准和要求进行生产加工，最终通过第三方有机认证机构认证的农产品。我国是传统农业大国，产品进入市场就是由传统走向现代，有机认证的发展是实现这一过程的桥梁。

有机产品是根据有机农业和国际有机食品协会(IFOAM)的标准，生产、加工的产品。通过严格的标准生产出来，这就要求整个生产过程中必须建立严格的质量管理体系，包括生产过程中严格监控和产品后期的严格追溯体系，从产地环境到生产过程中投入品的使用，最后到产品的加工、运输、贮藏、销售过程，都必须严格按照标准执行。有机产品必须通过具有资质资格的认证机构的认证，通过后颁发有机产品认证证书。

国际标准化组织(ISO)将产品认证定义是由第三方通过检验评定企业的质量管理体系和样品型式试验来确认企业的产品、过程和服务是否符合特定要求，是否具备持续稳定的生产符合标准要求的产品的能力，并给予书面证明的程序。

通过国家认证机构认证并获得有机产品认证证书的产品，在作为有机产品销售时，可以粘贴有机认证标志，有机标志是被认为是一种有机产品身份的识别证明。我国目前开发和认证的有机产品的认证数量和产量很大，涉及豆、茶、蔬菜、水果、食用菌和畜类。近年来，我国有机农业的发展保持着较快速度，区域优势初步显现。

第五节　经济林产品品牌营销策略

实施品牌战略并创新营销方式，增强市场开拓能力。各地经济林产品重点发展区域的品牌培植，要实行政府主导，林果企业、农民专业合作社、相关农林科研单位协同，多位一体，通过开展优质栽培、产品加工、市场推介等，共同铸造特色经济林产品区域品牌。也要鼓励有关企业积极打造经济林产品企业知名品牌。通过品牌提升质量、抢占市场、吸引消费，发挥品牌对产业的引领作用、市场的开拓作用、消费的引导作用。各级林业部门都应组织认定一批经济林产品区域特色品牌建设示范单位，并公布一批区域特色品牌，形成重视品牌、打造品牌、维护品牌的产业创新发展氛围。同时，还要高度重视创新营销方式。除了发展订单林业，并通过经济林产品推介会、展销会等方式开展营销以外，要积极开辟网上营销、农超对接等农产品营销新形式、新渠道，实现经济林产品一站式销售、供需精准对接，确保各界经营主体和广大林农经营收益的逐步提高。

一、市场营销的概念

市场，是指某种产品的实际购买者和潜在购买者(或者称消费者)的集合。这些购买者都具有某种欲望或需要，并且能够通过交换得到满足。因而，市场规模取决于具有这种欲望或者需要以及支付能力，并且愿意进行交换的购买者数量。任何一国的经济，乃至世界经济都是由各种交互作用的市场所构成的，这些市场又通过交换过程有机地联系在一起。

当市场的概念被建立起来以后，关于营销的概念就清晰了，营销就是通过创造和交换产品和价值，从而使个人或群体满足欲望和需要的社会和管理过程。营销的本质就是要管理市场，促成满足人们欲望和需要的交换。交换过程涉及多项活动，卖者必须寻找买者，确认其欲望，为其设计适当的产品和服务，确定价格、促销、贮运和运输。营销的核心内容包括产品的研究与开发、沟通、分销、定价及服务等。

二、产品策略

产品策略是企业市场营销活动的支柱和基石，是价格策略、分销策略和促销策略的基础。所谓产品策略，是指企业制定经营战略时，首先要明确企业能提供什么样的产品与服务去满足消费者的需求，这就是产品策略要解决的问题。从一定意义上讲，企业成功与发展的关键在于产品满足消费者需求的程度以及产品策略正确与否。产品策略的内容一般包括产品的定位、市场周期、产品组合、包装、品牌策划以及新产品开发，对于某些特殊的产品来说还包括服务策略。

三、经济林产品的品牌策略

(一)品牌的含义和功能

品牌是一个集合概念，包含品牌名称、品牌标志、商标等概念在内。它代表生产者或销售者的产品或服务，与其他竞争者区别开来。品牌是产品的重要组成部分。品牌的外在内容体现在以下几个方面：品牌的名称、品牌标志以及商标。

品牌可以起到增加产品的价值、提升产品竞争力、彰显企业特征、吸引消费者、巩固市场的作用。企业要通过创立好的品牌、培育好的品牌、扩张品牌和保护已有品牌来奠定本企业产品的品牌优势，塑造驰名品牌，累积品牌资产，达到提升企业实力，扩大市场份额的目的。

品牌也是企业的一种资产，其构成要素包括营销企业品牌知名度、消费者对品牌的认知度、品牌忠诚度与品牌联想及其他资产。要衡量企业经营水平和产业发展水平的一个重要指标便是看该公司乃至该行业的品牌建设程度。经济林产品产业化的过程实际上就是一个依靠品牌，逐步建经济林产业规模优势，最终使之得到进一步发展和完善的过程。目前，我国很多经济林产品属于无品牌经营，小有成就的也只是产地品牌，因此品牌建设是我国经济林产品未来发展的方向。

(二)品牌的策略

有关的品牌策略包括品牌的保护策略、使用策略以及管理策略等。品牌保护策略是为了防止他人盗用本企业品牌商标的侵权行为以及避免企业的声誉受损所采取的措施，主要有及时注册商标、关联注册、使用方位标识等。

品牌使用策略包括多品牌策略、单一品牌策略、无品牌策略、生产者品牌、借用他人的品牌等。每种品牌策略都有其自身的优势和缺点，如单一品牌操作简单，对消费者易形成聚焦点，但无法同时满足所有目标市场的消费群体；多品牌能有效做好消费群划分和市场定位，但管理困难，资金投入大；借用他人品牌要有较好的服务与一定的销售规模，但往往受到他人牵制。因此，无论是采用哪一种品牌策略要根据企业自身的实际情况来选择。

由于品牌是企业的无形资产，因此提高品牌质量，注重品牌保护是与创立品牌同样重要的工作。企业应加强品牌推广与宣传，树立品牌形象，提高品牌知名度和品牌认可度；及时对品牌进行商标注册；加强内部管理，提高产品信誉，提高产品质量，珍惜和维护产品的信誉。企业在宣传推广品牌的过程中要注重品牌与企业形象的一致性，树立品牌的独特性，形成强势品牌。

（三）品牌塑造

1. 包装设计

品牌包括名称、术语、标志、设计等要素，但是在消费者看来，由于品牌产品的性能需要通过使用之后才能确定，因此，在许多情况下，产品的包装设计就可以认为是品牌。在打造产品品牌的过程中，通过品牌塑造，可以有效提升企业自身产品在同类产品中的辨识度，同时形成企业象征和企业文化，传达企业的愿景、宗旨以及理念，因此，品牌塑造是企业提升市场竞争力的必由之路，同时品牌塑造也是一个漫长的过程。

在包装设计的过程中，品牌塑造的方向决定了包装设计的大方向，品牌代表的是产品或者相应的服务，而包装则是外在的表现。由于客户无法直接了解产品或者服务的性能和性价比，因此，这就需要包装设计来体现。随着社会经济的不断发展，人们在选择商品的时候已经不再局限于商品的功能，而是更多考虑商品所蕴含的文化理念和品质，消费者的审美和价值选择是不断变化的，这就需要通过包装设计使得品牌的形象得到不断强化。在企业发展、产品开发、业务方向转变的背景之下，通过产品的包装设计推动产品的销售以及品牌形象的塑造是极为重要的。

要提升包装设计的质量，首先需要了解包装设计的原则，总的来说，包装设计主要有以下几个原则，分别是视觉统一、风格统一、个性强化及营销整合。企业必须重视包装设计这一环节，并且充分调研消费者需求，结合产品自身的特点及性能，采取合适的包装设计方案和包装设计手段，以品牌塑造方向作为包装设计的主方向，同时以包装设计推动品牌塑造的进程，帮助企业树立良好的品牌形象，提升企业产品的竞争力。

2. 广告形象设计

随着互联网技术不断发展、新媒体不断涌出，面对电子阅读的流行化、移动终端的普及化等具有时代特征的变化，人们的生活方式习惯发生了翻天覆地的变化，同时也对传统的广告形象设计带来了巨大的挑战。

(四)宣传渠道

传统广告与新时代广告的区别在于传播模式与表现形式不同。在传播模式上，传统广告的传播模式是通过报纸、广播、杂志、电视等传统媒体对目标受众进行单向传播，缺乏互动性。在传播信息的过程中通过各种方式说服消费者购买，消费者处于被动的位置，无法为消费者的个性化需求提供服务。而新时代下广告形象设计的发展具有互动性与即时性的特点。新媒体的出现可以为消费者提供双向的信息传播渠道，使广告信息可以得到更有效的传递，品牌空间也得到了延展。在表现形式上，传统广告主要通过视觉与听觉的渠道传播信息，而新时代下的广告则利用互联网技术对信息进行更详细的分类，与目标受众之间具有互动性，与传统广告结合，对品牌形象的塑造具有十分重要的作用。

在社会转型的背景下，新媒体技术不断发展，设计的定位也在发生变化，传播载体从传统的纸质媒介发展到新媒体，广告形象设计也在慢慢超出原有的范畴，覆盖更加广阔的领域。面对机遇与挑战，设计师要顺应时代的发展与人们的需求，将新媒体作为视觉传达设计的新领域，促进广告形象设计的时代性发展同时，设计的目的是不变的，都是从视觉传达的角度对品牌的形象进行分析定位，有利于更有效的信息传达。新时代下广告形象的表现形式多样，并且随着新媒体技术的逐步发展，主要包括了纯文字形式、图文结合形式、互动游戏形式、企业的官方网站以及 H5 广告等表现形式。

在新时代下，科学技术的发展使广告形象设计有了多种多样的表现形式。而新时代下的广告作为品牌塑造的重要组成部分，无论从传播模式还是具体的设计表现来看，都离不开品牌塑造和消费者心理的需求。所以，在广告形象设计方面，应从品牌形象、目标受众的情感心理因素等方面多做考虑，从而塑造成功的品牌形象。对设计师而言，需要摆脱单一学科模式，成为具有多学科知识储备的综合型发展人才。

“自媒体”概念的出现是在 2002 年，由美国专栏作家丹·吉尔默提出，著名的研究学者谢因波曼和克里斯威利斯也在“We Media”的研究报告中提出自己的观点，他们将自媒体定义为传统媒体在面对信息化和融媒体的大时代下所经历的必然趋势，普通大众可以借助传播范围更广、传播方式更灵活的媒介进行宣传和分享。自媒体的媒介和客户端丰富多样，有微信、微博、抖音、快手、QQ 等短视频社交平台，可以满足用户多元化的需求，此外，通过自媒体进行传播最大的特点便是高效、快速、覆盖面广。

互联网的融媒体时代改善了传统的单一传播方式，因此，在媒介的选择过程中更加灵活多变，每个用户只需要申请自己的账号便可以进行自媒体的生产和分享信息，也可以发展为具有一定话语权的意见领袖。多商家在进行宣传的过程中，往往会利用一些自媒体平台为品牌进行加持，以图片、文字、视频的形式来开展线上线下的互动，以增强传播效果。许多自媒体选择在多个平台上同时传播，大大提升了传播效力，自媒体应用中应该注意以下问题。

1. 以内容打造品牌营销推广

任何一个自媒体品牌，其内容都是成功的关键所在，只有强大的内容支撑，才能够使得自身品牌在激烈的竞争中立于不败之地。另外，品牌在发展的过程中，往往通过一些新奇的形式来吸引受众，使得人们在娱乐中得到视觉的享受，增加受众范围，但是想要吸引大批受众，固定粉丝基础，则需要依靠优质的内容。许多自媒体想要进行自身的优化和转型，就必须要打造独特的内容，持续地创造价值输出，才能使得品牌的影响力不断提升。还应迎合大众的胃口，开展新的营销方式以深入人心。

2. 丰富营销内容，维护客户忠诚度

许多品牌在打造优质内容的过程中，同样要注意拉近与受众者的距离，受众群体对于品牌有了更多的体验和感受之后，才能进一步地转化其消费率。如今在互联网的优势之下，受众可以通过网络渠道更加全面地接触到品牌信息，而品牌方也可以准确地获得相应的受众反馈，不断提高产品质量，优化传播方式。相对于传统媒体中的品牌来说，能够更好地维护粉丝群体，找出当下的目标受众和粉丝需求，制定精准的品牌营销策略，将原有受众转化为忠实受众，不断提升他们对于品牌的忠诚度。

3. 专业成就品牌运营推广

自媒体平台在近几年的发展过程中已经逐渐趋于成熟和规范化，许多内容质量不一的情况也渐渐得到改善。当下，自媒体已经结合了传统媒体的优势，利用互联网的环境将商品和艺术大众化。还应创造出更多有价值的产品，提高受众认知，抓住客户的心，所以在自媒体行业的发展过程中不仅要有较强的专业能力，还要紧随时代发展趋势，避免故步自封，才能够实现品牌的良性发展。

参考文献

陈兴平，2007. 浅谈我国农产品质量管理[J]. 安徽农业科学(24)：7559-7560.

陈睿，2006. 荔枝贮藏保鲜机制及常温保鲜技术研究进展[J]. 安徽农业科学，33：1099-1100.

陈兆星，张洪铭，赖华荣，等，2020. 新型保鲜剂对赣南脐橙贮藏期病害的防治效果[J]. 现代园艺，43(1)：31-32.

陈幸良，2008. 林木育种及其成果产业化研究[D]. 南京：南京林业大学.

(日)储方帮安，1982. 水果蔬菜贮成概论[M]. 陈祖城，译. 北京：中国农业出版社.

崔旭盛，靳鹏博，李鑫，等，2019. 不同加工方式对连翘药材品质的影响[J]. 中国农业科技导报，21(5)：129-134.

戴鹏辉，2019. 黑附球菌和植物提取物对蓝莓贮藏保鲜的影响[D]. 大连：大连理工大学.

邓伯勋，2002. 园艺产品贮藏运销学[M]. 北京：中国农业出版社.

邓坤枚，2000. 中国经济林资源的开发利用与农业可持续发展研究——以果树林，木本粮食林，食用油料林为例[J]. 资源科学，22(3)：47-53.

丁浩，2015. 即食板栗休闲产品加工工艺研究[D]. 合肥：安徽农业大学.

丁声俊，2016. 木本粮油：为粮食安全助力[J]. 绿叶(11)：17-30.

丁声俊，马榕，DING，等，2015. 木本粮油产业：一个重大新型特色产业[J]. 河南工业大学学报(社会科学版)(2)：1-12.

杜玉宽，杨德兴，2000. 水果蔬菜花卉气调贮戴及采后技术[M]. 北京：中国农业大学出版社.

杜红岩，1996. 杜仲优质高产栽培[M]. 北京：中国林业出版社.

杜红岩，2014. 中国杜仲图志[M]. 北京：中国林业出版社.

高媛，贾黎明，苏淑钗，等，2015. 无患子物候及开花结果特性[J]. 东北林业大学学报(6)：34-40，123.

葛衡，杨清，张广成，2011. 茶鲜叶保鲜及预处理技术的研究现状[J]. 贵州茶叶，39(3)：8-11.

顾能鑫，2017. 六种根茎药材采收加工方法[J]. 农村新技术(9)：53.

郭世清，2015. 经济林的产品发展现状和利用策略分析[J]. 现代园艺(4)：222-223.

国家林业局，2017. 中国林业统计年鉴[M]. 北京：中国林业出版社.

巩建厅，2005. 几种板栗加工技术[J]. 湖南林业科技(4)：71-72.
郝丽萍，张子德，林亲录，等，2008. 园艺产品贮藏加工学[M]. 北京：中国农业出版社.
郝瑞，1979. 长白山笃斯越橘的调查研究[J]. 园艺学报(2)：87-93.
何方，胡芳名，2002. 经济林栽培学[M]. 2版. 北京：中国林业出版社.
侯晓东，施瑞城，2006. 芒果采后生物学特性及其研究进展[J]. 华北农学报(21)：104-108.
胡芳名，谭晓风，裴东，等，2010. 我国经济林学科进展[J]. 经济林研究，28(1)：1-8.
胡芳名，谭晓风，刘惠民，2006. 中国主要经济树种栽培与利用[M]. 北京：中国林业出版社.
胡光平，韩堂松，王国华，等，2020. 贵阳市三种木本药材栽培技术试验研究[J]. 林业科技(4)：38-41.
黄雪红，郭冰默，2019. 天然植物染料苏木的提取[J]. 纺织科学与工程学报，36(4)：46-49.
纪淑娟，周倩，马超，等，2014. 1-MCP处理对蓝莓常温货架品质变化的影响[J]. 食品科学，35(2)：322-327.
贾琪，2019. 新时代下的广告形象设计与品牌塑造[J]. 艺术科技，32(8)：174.
金鑫，2012. 银杏叶提取物药理研究进展[J]. 天津药学(2)：69-71.
蓝捷，2018. 河源市板栗产业附加值提升策略研究[D]. 广州：仲恺农业工程学院.
李亚东，裴嘉博，孙海悦，2018. 全球蓝莓产业发展现状及展望[J]. 吉林农业大学学报，40(4)：47-58.
李亚东，孙海悦，陈丽，2016. 我国蓝莓产业发展报告[J]. 中国果树(5)：1-10.
李芳东，乌云塔娜，朱高浦，2019. 仁用杏栽培实用技术[M]. 北京：中国林业出版社.
李新岗，2015. 中国枣产业[M]. 北京：中国林业出版社.
李家庆，2003. 果蔬保鲜手册[M]. 北京：中国轻工业出版社.
李嫒，李厚华，刘小微，等，2018. 海棠果实多酚提取物对胃癌细胞BGC-803的体外抑制活性[J]. 食品工业科技，39(18)：279-284.
李崇阳，2016. 三萜酸的提取工艺及性能研究[D]. 石家庄：河北科技大学.
李文，王伟，关荣发，等，2020. 橄榄油中角鲨烯组分功能特性及其研究进展[J]. 食品研究与开发，41：226-232.
李灿，2020. 植物染料的研究进展[J]. 轻纺工业与技术，49：69-70.
李效静，张瑞芋，陈秀伟，1990. 果藏贮藏运销学[M]. 重庆：重庆科学技术出版社.
李辉，2003. 适时采收可提高果品质量[J]. 河北农业(7)：23.
李斌，郑勇奇，林富荣，等，2014. 中国林木遗传资源对粮食安全和可持续发展的贡献[J]. 湖南林业科技，41(4)：70-74.
廖世玉，唐罗，宋佳曼，等，2020. 新型玫瑰花酱的研制及热处理对其理化指标的影响

[J]. 饮料工业，23(1)：57-62.
梁晓静，安家成，黎贵卿，等，2020. 肉桂特色资源加工利用产业发展现状[J]. 生物质化学工程，54(6)：22-28.
刘济铭，孙操稳，何秋阳，等，2017. 国内外无患子属种质资源研究进展[J]. 世界林业研究，30(6)：12-18.
刘巧玲，2019. 发酵枣粉的制备及品质评价研究[D]. 泰安：山东农业大学.
刘焕军，罗安伟，牛远洋，等，2018. 臭氧处理对猕猴桃果实采后病害及品质的影响[J]. 中国食品学报，18(11)：175-183.
刘勤，柳鎏，1997. 栗粉加工技术[J]. 食品工业科技(4)：62-63.
刘兴玉，钟世理，1991. 野生木本饮料植物——光叶山矾[J]. 西南大学学报(自然科学版)，13(2)：201-203.
刘兴华，陈维信，2002. 果品蔬菜贮藏运销学[M]. 北京：中国农业出版社.
刘紫韫，李喜宏，李文瀚，等，2019. 响应面法优化灵武长枣吐司面包配方及加工工艺[J]. 食品工业(7)：53-57.
刘纯，刘柱鸿，2020. 数字签名技术在食品产地溯源中的应用研究[J]. 食品与机械，36(11)：83-86.
梁维坚，1987. 榛子[M]. 北京：中国林业出版社.
栾森年，侯立群，霍力彬，等，2007. 中国文冠果资源研究开发与实践[M]. 北京：中国农业出版社，84-111.
罗云波，2010. 园艺产品贮藏加工学(贮藏篇)[M]. 2版. 北京：中国农业大学出版社.
罗云波，2011. 园艺产品贮藏加工学[M]. 北京：中国农业大学出版社.
孟伊娜，过利敏，张平，等，2016. 新疆红枣全枣粉加工处理技术探讨[J]. 食品工程，138(1)：4-5.
孟真，2018. 我国农产品供应链质量管理存在的问题与对策研究[J]. 特区经济(3)：137-138.
莫晓勇，2005. 桉树人工林培育的理论与方法[M]. 北京：中国林业出版社.
彭方仁，2007. 经济林栽培和利用[M]. 北京：中国林业出版社.
彭丽桃，蒋跃明，杨书珍，2002. 适度加工果蔬生理特性及质量控制[J]. 农业工程学报(18)：178-185.
戚佩坤，1992. 果蔬贮运病害[M]. 北京：中国农业出版社.
祁述雄，2002. 中国桉树[M]. 2版. 北京：中国林业出版社.
饶景萍，任小林，2003. 园艺产品贮运学[M]. 西安：陕西人民出版社.
任二芳，刘功德，艾静汶，等，2018. 板栗精深加工技术与综合利用进展研究[J]. 食品工业，39(12)：246-249.
秦文，2019. 农产品加工工艺学[M]. 北京：中国轻工业出版社.
秦文，2012. 园艺产品贮藏运销学[M]. 北京：科学出版社.

桑卫国，董明敏，周湘池，等，2000. 板栗糕的研制[J]. 食品工业科技(6)：15.
沈国成，2001. 植物衰老生理与分子生物学[M]. 北京：中国农业出版社.
沈海龙，2009. 苗木培育学[M]. 北京：中国林业出版社.
石汝娟，2013. 脱水菠菜加工七步骤[J]. 农家致富(2)：44-45.
宋歌，2020，包装设计对品牌塑造的影响分析[J]. 轻纺工业与技术，49(11)：126-127.
宋显仁，1994. 竹子加工的预处理[J]. 农家之友(12)：15.
宋纯鹏，1998. 植物衰老生物学[M]. 北京：北京大学出版社.
苏霞，刘鹏飞，孙颖，等，2012. 不同品种糖炒板栗加工特性的研究[J]. 食品工业科技(12)：128-131.
苏晓洁，2020. 柿子贮藏及加工方法浅析[J]. 南方农业(27)：213-214.
孙操稳，2017. 无患子种质实性状变异与环境效应研究[D]. 北京：北京林业大学.
孙海悦，李亚东，2014. 世界蓝莓育种概述[J]. 东北农业大学学报，45(9)：116-122.
孙企达，2004. 真空冷却气调保鲜技术及应用[M]. 北京：化学工业出版社.
孙洪友，1999. 无核蜜枣加工技术[J]. 农业开发与装备(1)：50-50.
谭晓风，马履一，李芳东，等，2012. 我国木本粮油产业发展战略研究[J]. 经济林研究，30(1)：1-5.
谭晓风，2018. 经济林栽培学 [M]. 北京：中国林业出版社.
童彤，2019. 臭氧处理延长黄肉猕猴桃贮藏期[J]. 中国果业信息，36(12)：50.
汪萌，张翠，刘泉，2008. 元宝枫的药用植物化学成分及药理作用研究进展[J]. 黑龙江医药(1)：70-73.
汪跃平，2014. 开放教育地理标志保护研究——地理标志在学分认证中的影响[J]. 成人教育，34(9)：9-12.
王晓，乔勇进，张国强，等，2020. 臭氧处理对绿芦笋贮藏品质的影响[J]. 上海农业学报，36(3)：102-106.
王丽娜，2007. 我国林木良种与良种基地发展建设的政策与机制性研究[D]. 哈尔滨：东北林业大学.
王涛，敖妍，牟洪香，2012. 中国能源植物文冠果的研究[M]. 北京：中国科学技术出版社.
王珂，2020. 适时适度采收，提高果实品质——果业名词“果实采收”解读[J]. 果农之友(8)：45-46.
王朝霞，2001. 重视果实采后处理增强市场竞争能力[J]. 北方园艺(2)：62.
王宁，尤美虹，2019. 果品溯源现状及 RFID 溯源系统探析[J]. 物流工程与管理，41(10)：93-95.
魏坤，2014. 四川加快木本中药材产业发展的对策[J]. 四川林勘设计(3)：69-70.
魏安智，薛智德，2017. 花椒产业持续经营技术[M]. 杨凌：西北农林科技大学出版社.

吴乐艳，侯雯清，2020. 反相高效液相色谱法测定神经酸片剂中神经酸含量[J]. 昆明医科大学学报，41(6)：11-14.
吴雪辉，2005. 板栗酱的生产技术[J]. 中国农村科技(12)：13.
伍丹，关润霞，姚秋萍，2018. 小蜡叶民间药用物质基础提取模式探索[J]. 教育教学论坛(38)：82-83.
郗荣庭，张毅萍，1996. 中国果树志・核桃卷[M]. 北京：中国林业出版社.
解明，郑金利，王道明，等，2017. 杂交榛子'辽榛7号''辽榛8号''辽榛9号'的选育[J]. 北方果树(3)：53-55.
谢碧霞，钟海雁，1997. 我国经济林产品加工利用现状和发展趋势[J]. 经济林研究，15(3)：18.
徐东翔，于华中，乌志颜，等，2010. 文冠果生物学[M]. 北京：科学出版社.
徐小方，2006. 园艺产品质量检测[M]. 北京：中国农业出版社.
徐嫚嫚，于雪丹，郑勇奇，等，2020. 花楸树(*Sorbus pohuashanensis*)营养物质与药用成分探究[J]. 林业科学研究，33(2)：157-163.
杨丽，2019. 无患子的特征特性与造林技术[J]. 现代农业科技，743(9)：156，158.
杨冰，宁汝曦，秦昆明，等，2020. 中药材产地加工与炮制一体化技术探讨[J]. 世界中医药，15(15)：2205-2209.
杨建民，黄万荣，2004. 经济林栽培学[M]. 北京：中国林业出版社.
叶新福，姜翠翠，卢新坤，2016. 能源植物无患子种质的分子遗传多样性分析[J]. 分子植物育种，14(10)：2888-2895.
叶丹宁，樊虎玲，高林，等，2013. 商洛市无公害农产品发展现状及对策[J]. 陕西农业科学(3)：169-170，178.
于雪，胡文忠，金黎明，等，2016. 核桃楸不同部位的活性物质及药用价值研究进展[J]. 食品工业科技，37(21)：368-371，376.
于震宇，2018. 枣果采后干制和贮藏技术研究[J]. 现代园艺(20)：5.
岳建民，2020. 药用植物中复杂结构微量活性物质的发现与研究[C]//中国化学会第十九届全国有机分析及生物分析学术研讨会论文汇编. 北京：科学出版社.
张玉星，2011. 果树栽培学总论[M]. 北京：中国农业出版社.
张钢，2007. 林木育苗实用技术[M]. 2版. 北京：中国林业出版社.
张有林，2011. 果蔬采后生理与贮运学[M]. 北京：化学工业出版社.
张吉国，胡继连，张新明，2002. 我国农产品质量管理的标准化问题研究[J]. 农业现代化研究，23(3)：178-182.
张飞，2014. 无公害农产品发展现状及其可持续发展问题研究[J]. 河南农业(5)：27.
张莹，2017. 标准化下的有机产品认证质量现状研究[D]. 杨凌：西北农林科技大学.
赵曼如，胡文忠，于皎雪，等，2019. 臭氧在果蔬贮藏保鲜中的研究与应用[A]//中国食品科学技术学会第十六届年会暨第十届中美食品业高层论坛论文摘要集[C]. 北京：中国食品科学技术学会.
赵立言，于炎冰，张黎，2016. 元宝枫籽油功效成分神经酸药效研究进展与食疗保健应用[C]//2016中国药膳学术研讨会论文集. 北京：中国药膳研究会.
赵东晓，李公存，董亚茹，等，2019. 不同杂交桑品种桑叶活性物质含量的测定及药用品质综合评价[J]. 山东农业科学(12)：100-105.
赵丽芹，2018. 园艺产品贮藏加工学[M]. 北京：中国轻工业出版社.
中国科学院《中国植物志》编委会，1996. 中国植物志[M]. 北京：科学出版社.
中华人民共和国卫生部药政管理局，中国药品生物制品检定所，1992. 中药材手册[M]. 北京：人民卫生出版社.
种伟，2018. 我国核桃主要产区优势良种分布及其生产利用[J]. 林业科技通讯(9)：60-62.
朱霞，王惠云，2019. 松香生产技术的传承变迁及其社会支持系统[J]. 自然辩证法通讯(12)：11-16.
C A AUGUET，王林梅，1989. 角鲨烷的新来源[J]. 日用化学品科学(4)：34-36.
SUN C，JIA L，XI B，et al，2017. Natural variation in fatty acid composition of *Sapindus* spp. seed oils[J]. Industrial Crops and Products(102)：97-104.

附　录

经济林产业发展案例

宁夏银川枸杞全产业链发展成功经验

A 公司总部位于宁夏银川，是一家专业从事基地种植、生产加工、枸杞科技研发、市场营销、文化旅游“五位一体”的全产业链科技型企业，旗下品牌荣获“中国驰名商标”。成功经验如下：

种植——基地种植标准化，确保产品可追溯

作为首批国家林业重点龙头企业，拥有三大有机枸杞示范种植基地。学习引进台湾精致农业技术理念，并在业内率先通过德国 BCS 有机食品认证和国家生态原产地产品保护认证，经国内外权威机构检测产品零农残。

生产——生产加工精细化，保障产品好品质

业内率先开创“车间建在田间”模式，并拥有业内领先的十万级 GMP 保健食品、枸杞多糖、枸杞芽茶生产线，使得枸杞产品从田间采摘到消费者舌尖体验仅需一周时间。在高科技生产工艺的保驾护航下，最大程度降低枸杞鲜果破损率，锁住营养成分，保证新鲜度。

研发——研发创新科技化，铸就核心竞争力

与多个科研院所建立紧密合作关系，先后承担国家科技部科技支撑计划项目、国家火炬计划项目和自治区科技攻关项目等，并独家拥有枸杞新品种‘宁农杞 2 号’、全营养“锁鲜枸杞”和多项技术发明专利，2016 年被宁夏自治区人民政府授予“宁夏枸杞品种选育及功效研究院士工作站”。

营销——市场营销差异化，重塑商业新模式

公司确立“好枸杞可以贵一点”的品牌战略定位，构建一二三产业融合发展的模式。积极响应政府号召，高度重视市场布局，努力探索“互联网+”模式。目前共拥有遍及全国的枸杞养生馆连锁专卖店 150 多家。电子商务平台双十一当天销售破千万元，刷新枸杞行业新纪录。国际贸易出口东南亚、欧美、中东等17个国家和地区。

文化——文化旅游产业化，成为发展软实力

该公司的中国枸杞馆作为国家AAA级旅游景区、国家科普教育基地和宁夏文化产业示范基地，广泛传播枸杞文化和养生理念，深度融合特色产业、文化产业和旅游产业，不仅成为其品牌和市场的助推器，同时也为宁夏枸杞产业的发展做出了积极的贡献。

河北邢台核桃全产业链发展成功经验

B公司位于河北省邢台市临城县，是一家集优质薄皮核桃品种繁育、种植、研发、深加工和销售为一体的全产业链现代化大型企业。公司拥有薄皮核桃20万亩，苗木繁育基地2600余亩，是集约化优质薄皮核桃生产基地；现代化的深加工车间9个，共逾10万平方米，建成了“河北省核桃工程技术研究中心”；成为国家林业重点龙头企业。成功经验如下：

种植——有机绿色种养模式

公司采用“树、草、牧、沼”四位一体的种养模式，树下生态养殖柴鸡5万余只，采用空中黑光灯、地面散养鸡的生态立体杀虫模式，保证了核桃的有机绿色。其核桃曾先后通过国家绿色认证、有机认证、欧盟有机认证，在首届中国核桃节上获得金奖。

品种繁育与技术研发——产学研结合

与科研院所合作承担了国家科技部、国家林业局科技攻关项目4项，河北省科技项目8项，制定了薄皮核桃生产两个地方标准，成功选育出拥有自主知识产权的两个薄皮核桃新品种，多项科研成果达到国际先进水平，先后被国家质量技术监督局、国家林业局命名为早实核桃标准化示范基地，获得了“核桃青皮脱皮机”等5项专利。

产业可持续发展——以改善生态环境促经济大发展的绿色产业模式

B公司为太行山区综合治理探索出了一条持续而高效的产业化发展之路，拉动了千里太行山千万亩核桃森林带建设，为建设生态河北、美丽河北起到了铺路人的作用。积极带领广大农民共同致富，形成了以该公司为中心，辐射带动全县、全省乃至国内多个省、自治区、直辖市的格局。公司为农户供应高纯度苗木、产品回收、提供技术服务，在核桃管理的关键时期派技术人员现场指导，带动临城县8个乡镇发展薄皮核桃种植20万亩。此外，公司每年用工 20 万余人，工费 1000 多万元，农民在打工挣钱的同时，学到了核桃树管理、种植等技术，增加了致富资本，同时转变了观念，提高了发展核桃产业的积极性。目前，其带动作用已辐射到新疆、四川、湖北、湖南、山东、山西、等 12 个省(自治区、直辖市)，使该公司选育出的核桃新品种根植神州、果香华夏。

深加工——高起点、高标准建设与生产

除了制作奶油味有机薄皮核桃，核桃壳可以做活性炭，核桃仁可以做核桃露，提炼完核桃油还可以再做核桃蛋白粉。为进一步延伸产业链条，B 公司建设了核桃深加工基地。目前，公司研发的核桃深加工产品有核桃乳、核桃营养糊(粉)、核桃奶片、核桃油、核桃肽、核桃胶囊等六大类 20 多个单品。

销售——“互联网+”模式

通过互联网营销基地的绿色产品，网络销售占核桃产品销售额的近三成。

辽宁铁岭榛子产业发展成功经验

辽宁省铁岭市政府通过实施政府主导、产业化经营、科技支撑和名优品牌四大战略，实现了榛子产业的跨越式发展。2010 年，铁岭市被中国林业产业协会和中国经济林协会授予“中国榛子之都”荣誉称号，铁岭榛子被国家质量监督检验检疫总局确定为“国家地理标志保护产品”；铁岭县被国家林业局评为“中国榛子之乡”。截至 2020 年，铁岭平榛总面积 113 万亩，年产榛果 3300 万公斤，面积和产量均占全国 70%以上。成功经验如下：

政府主导——把榛子作为拳头产业来抓

铁岭市委、市政府高度重视，制定了榛子产业发展规划及实施意见，批准成立了市榛子产业管理办公室，并层层建立责任制和考核奖惩机制。铁岭市出台了涉及信贷、财政、科技、林业、品牌创优等方面的十项榛子产业发展优惠政策。2011—2013 年，市政府启动了“全市兴农富民土地整理榛子开发建设项目”，共投资 6500 多万元，用于 62 个榛子标准园基础设施建设。

政府各级部门也纷纷出台扶持措施，形成合力扶持榛子产业。科技部门每年从科技三项费用中安排专项资金，重点支持榛子产业发展；扶贫开发部门将扶贫开发项目与榛子基地建设结合起来，扶持榛农从事榛子生产；水利部门每年从水利建设资金中优先安排100万元用于榛子基地建设；农机部门将榛子开发机械设备列入农业机械化补贴范围；林业部门将榛子加工龙头企业列入企业固定资产投入贷款贴息范围；农业银行、农信社、村镇银行也随之开展了林权抵押、联户贷款。同时，铁岭市各县(市)区政府和乡镇政府积极制定补助政策，在省、市补助基础上，每亩追加补助200~700元，较好地解决了林农发展榛子产业资金不足的问题。

产业化经营——把小榛子做出规模效益

将受制于成本、管理、销售等问题的一家一户生产转化为合作社形式，实现了规模经营，其中部分榛子专业合作社获得了国家级农民合作社示范社的称号。

培育龙头企业做强加工业。铁岭市围绕榛子产业在国内外广泛开展招商活动，先后与多家知名公司进行洽谈，同时积极帮助现有加工企业做大做强，使精深加工企业不断壮大。

为开拓市场，从2010年开始，铁岭市委、市政府举办了中国(铁岭)榛子节、首届中国森林食品交易博览会和铁岭榛子(沈阳)展销会。第五届中国榛子节暨铁岭榛子(沈阳)展销会销售榛子40余万斤。

科技支撑——建设高产优质产品基地

2010年，中国林业科学研究院榛子研究中心落户铁岭；2011年，铁岭市政府批准组建了正县级铁岭榛子科学研究院，打造了一支全国顶级水平的榛子产业科研团队。

科研人员对榛子优良品种选育、改良、病虫害防治、园化管理等实用技术进行了专题研究，取得了《平榛生产技术规程》等一系列科研成果，制定的7项标准通过省质量技术监督局审定并批准实施，成为规范全省平榛生产与管理的全国唯一地方标准。结合榛子生产实际，选育了高产品种“铁平一号”，获得了省林业厅地方良种认定，并引进了平欧杂交榛子良种。

同时，铁岭市还建设了一批高标准市级和县级科技示范园，组建了榛子科技特派团，派遣科技专家50多名，在榛子产区建立科研基地100余处，培养榛子科技示范户100余户，每年培训榛农上万人次。

品牌战略——建设“中国榛子之都”

为调动企业争创名优品牌的积极性，铁岭市组织企业参加国内各种大型博览会、展销会，扩大铁岭榛子的知名度和影响力。中国首届森林食品交易博览会暨第三届中国(铁岭)榛子节上，铁岭地区有20多个榛子相关产品获得金奖，“马侍郎”“宝华”“平顶御榛”等品牌榛子通过了国家绿色食品认证。全市有各类榛子加工企业77家，年加工量超过4000万公斤。积极打造电子商务平台，广泛吸纳农民合作社推动建立网络营销联盟，榛子经销网点有3000多个，分布全国的连锁店有1000余家，8万多人在从事榛子种植和销售，全年销售量约占国内市场总销量的70%，榛子经多种渠道远销到全国各地及韩国、日本、新加坡等市场。

新疆阿克苏经济林产业标准化集约经营模式经验

新疆阿克苏地区林果面积稳定在450万亩，挂果面积达380万亩，通过各项措施实现果品年总产247万吨以上，商品率达到80%以上，林果业收入占农民人均收入的三成以上，林果业已成为兴林、富民、稳疆的支柱产业。成功经验如下：

强化技术培训

冬闲时节，阿克苏地区各县市广泛开展“科技之冬”林果业大培训，林业技术推广员把培训搬到田间地头，现场讲解冬季果树防冻的措施。驻村工作队和村两委适时开展林果业修剪和管理培训，有序推进春季果树修剪。

改良种植技术

从2008年开始，阿克苏大力推广林果简约化、水肥一体化和机械化栽培管理技术，推广果树简约化栽培3.3万亩。阿克苏地区在各县、市普遍推广无人机植保、堆沤有机肥和种植绿肥翻压等技术，减少田间管理成本，增加土壤肥力。

“春天一片树、秋天一捆柴”曾是阿克苏干旱缺水的真实写照。为此，当地以“节水、管水为重点，补水、中水回用为补充”，采取滴灌、防渗渠、退地减水等六项措施提高水的利用率。按照“谁投资，谁受益”的原则，阿克苏在防护林中套种经济林，建成了以苹果、核桃、红枣为主的450万亩优质果品生产基地。当地一合作社理事长说，投资1200万元在戈壁荒滩上种植的5000亩沙棘去年(2020年)有了效益，今年(2021年)还要上滴灌，做大生态富民产业。

延伸产业链

阿克苏在大力推进发展林果业时，把发展特色林果业作为推进农业供给侧结构性改革的主要内容，调结构、保增长。适度发展时令鲜果品早中晚搭配，优化品种结构，延长果品的市场供应期，新植特色鲜果、小宗类果树经济林 12.26 万亩。

阿克苏地区已有林果业加工企业、合作社共计 119 家，能生产果干、果酱、果粉、果酒等 20 多种产品。阿克苏 C 公司通过对鲜果应用高温膨化、低温脱水、冻干、酿造、萃取等深加工技术，延伸了产业链，目前公司深加工年处理能力达 2000 吨。公司党支部书记说："15 公斤新鲜苹果能卖六七十元，通过创新技术深加工，做成 1 公斤冻干果后，能卖四百多元。我们按照'基地+农户'的方式，对农户的果品进行收购，直接受益农户达到 1 万户以上，每年可带动当地果农人均增收 2000 元以上。"

四川广元木本油料产业发展成功经验

四川省广元市木本油料基地面积稳定在 200 万余亩，综合产值达到 60 余亿元，种植户人均从木本油料产业获得收入达 2800 余元。成功经验如下：

因地制宜，重点扶持

广元 88.67%的面积是山地，不宜发展传统工农业，但土壤适宜、光热充足，历来有种植核桃、油橄榄等产油植物的传统。从 2007 年起，广元先后出台《广元市山区林业综合开发发展规划》《广元市核桃产业发展规划》《广元市木本粮油原料林基地建设规划》等专项规划，利用山林优势，大力发展木本油料，正式作为致富的重要突破口。市级财政每年专项扶持发展油橄榄，朝天、青川等县区建立产业发展基金，专项用于特色经济林产业的扶持和奖励，推动以朝天核桃、油橄榄为主的木本油料产业加快发展。

"专兼"结合强化种苗保障

市县林业部门组织专家开展区域实验和品种选优，进一步优化木本油料品种结构；精细化管理专用采穗圃 3500 亩，兼用采穗圃 300 亩，确保年生产核桃穗条 800 万枝、油橄榄穗条 150 万枝，保障每年 20 万亩核桃、1 万亩油橄榄品种改良种苗有序供应。

"土洋"结合完善技术服务

选派中级以上技术职称林业科技人员 44 名，定点联系 44 个贫困村开展技术服务，选聘获得专业技术认证的"土专家"50 名，驻村负责 93 个产业发展重点村技术服务，每个村每年至少组织 5 次以上集中培训，达到每户 1 名技术明白人。

“建管”结合做精集成示范

通过实施补植补造和精细化管理，在青川、朝天、昭化共建设10个200亩以上产业规模的木本油料科技扶贫示范村，加大新技术推广、新品种选育、新机制探索，辐射带动种植大户、专合组织、家庭林场、专业协会不断提高生产管理水平。2020年，全市已有126万亩木本油料产业基地实现挂果，全市建成现代林业示范区53个，村级木本油料产业示范园365个，户办木本油料产业经济园8.62万个，其中，贫困户自强园3.13万个。同时，在木本油料林下因地制宜发展林药、林菌、林菜等林下经济86万亩。

培育重点龙头企业，提高木本油料产品加工附加值

全市培育木本油料精深加工企业12家，其中省级龙头企业5家，市级3家，县级龙头企业4家。支持龙头企业积极研发核桃乳、橄榄油、山桐子油等精深加工产品。同时，把专合社培育成为联结小农户和大市场的重要纽带和桥梁，全市培育木本油料农民专合社230余家，油橄榄、山桐子精深加工转化率达95%以上。截至2020年，全市实现木本油料加工产值近10亿元。